KAI HAUS

Ziegen

ARTGERECHT UND NATÜRLICH HALTEN

KOSMOS

☞ *Inhalt*

ZIEGEN HALTEN — *Informationen vorab*

ZIEGEN ALS HAUSTIERE

Kein anderes landwirtschaftliches Nutztier polarisiert mehr als die Ziege: Es gibt Menschen, die dem Charme, dem Witz und der Intelligenz dieses Tieres vollkommen erlegen sind, und ebenjene, denen genau diese Eigenschaften zuwider sind.

Persönlich möchte ich mich zu Ersteren zählen, Ziegen sind für mich faszinierende Haustiere und ich kann mich nicht daran erinnern, jemals ohne eigene Ziegen gelebt zu haben. Dennoch kann ich großes Verständnis für diejenigen aufbringen, die mit diesen Tieren rein gar nichts anfangen können und schier in Panik verfallen, wenn das Gespräch auf die Ziege kommt. „Ziegen stinken, sie brechen aus jedem Zaun aus, sie vertragen sich nicht mit anderen Tieren, sind bösartig und gemein", so lauten die Vorurteile. Vielleicht kann ich mit diesem Buch dazu beitragen, diese Vorurteile – meist basierend auf Missverständnissen und Haltungsfehlern – ein klein wenig aus der Welt zu schaffen.
Die Intelligenz der Ziege ist sprichwörtlich und wird den Halter gleichermaßen faszinieren wie vor fast unlösbare Probleme stellen. Wenn man sich aber als Mensch und neuer Ziegenhalter auf das Wesen der Ziege einlässt und sich ein wenig in sie hineindenkt, etwa versucht, die Welt aus dem Blickwinkel der Ziege zu sehen, dann hat man mit der Haltung von Ziegen die allergrößte Freude. Mal ganz abgesehen von dem wirtschaftlichen Nutzen, den diese Tiere mit sich bringen.
Der Schlüssel zum friedvollen und harmonischen Leben mit Ziegen ist die artgerechte Haltung. Dieses Buch wird sich somit im Wesentlichen an den Neuling in der Ziegenhaltung richten und versteht sich als Leitfaden zur artgerechten Ziegenhaltung.

Die Ziege polarisiert! Entweder man liebt sie, oder eben nicht.

VORAUSSETZUNGEN FÜR DIE HALTUNG

Sie haben sich also dafür entschieden, Ihr Leben mit der Haltung von Ziegen zu bereichern. Wenngleich die Ziege ein recht robustes und vermeintlich anspruchsloses Tier ist, so gilt es doch, einige wichtige Grundvoraussetzungen zu klären. Ziegen sind zwar Weidetiere, lieben aber die kulinarische Abwechslung und ziehen Sträucher und Büsche jedem Grashalm vor. Haben Sie eine Weide zur Verfügung, die möglichst abwechslungsreich gestaltet ist? Und dies gleichermaßen im botanischen Aufwuchs wie bestenfalls in der geografischen Beschaffenheit? Ziegen klettern gerne und finden nichts langweiliger als eine ebene Fläche ohne Hügel, Felsen oder Baumstämme, ohne Sträucher und Astwerk. Und ebenjene Langeweile zwingt die Ziege regelrecht zum Umsetzen wirklich blöder Ideen, wie beispielsweise das Ärgern von Weidegenossen oder das Zerstören von Inventar. Kein Tier ist so unzufrieden und unberechenbar wie eine Ziege mit Langeweile.

Ob im Stall oder auf der Weide, nur in der Gruppe fühlen sich Ziegen wohl.

Auf die Beschaffenheit der optimalen Ziegenweide werde ich im entsprechenden Kapitel (Seite 38) detailliert eingehen, aber im Vorfeld sollten Sie sich schon darüber im Klaren sein, dass es nicht damit getan sein wird, hinterm Haus den Garten einzuzäunen und dort dann zwei Ziegen hineinzustellen.

Es stellt sich zudem die Frage, was Sie von Ihren Ziegen erwarten: Sollen sie einfach nur Familienmitglieder sein? Wollen Sie vor allem die leckere Ziegenmilch gewinnen und vielleicht zu köstlichem Käse verarbeiten? Möchten Sie das Fleisch der Ziege nutzen? All diese Fragen sollten Sie sich stellen und anhand der Antworten die richtige Rasse für sich wählen.

Dann wäre die Frage, wie viele Ziegen Sie halten möchten und wer diese versorgt, wenn Sie mal nicht da sind? Gerade wenn Sie Ihre Tiere melken wollen, muss immer ein Plan B zur Hand sein, falls Sie – aus welchen Gründen auch immer – plötzlich nicht melken können.

Wohin mit den Ziegen im Winter? Haben Sie einen Stall für Ihre Tiere? Wo steht der? Gerade für den Fall, dass Sie auch einen Bock halten wollen, sollte der Stall nicht direkt neben dem Wohnzimmerfenster Ihres Nachbarn stehen, dies könnte eventuell zu nachbarschaftlichen Differenzen führen.

Wie viel Zeit steht Ihnen täglich zur Betreuung Ihrer Tiere zur Verfügung? Es lässt sich im Vorfeld nicht sagen, wie hoch der zeitliche Aufwand tatsächlich sein wird, aber es wird ganz sicher arbeitsintensivere Zeiten geben und solche, in denen Sie we-

Frische Äste sind bei allen Ziegen überaus beliebte Leckerbissen.

niger Arbeit mit Ihren Ziegen haben werden. All diese Überlegungen sollten Sie *vor* der Anschaffung Ihrer neuen Mitbewohner anstellen. Auf den folgenden Seiten werden Sie einiges lesen, was Ihnen bei der Beantwortung dieser Fragen helfen kann.

WIE VIELE TIERE?

Ziegen sind Herdentiere, und als solche fühlen sie sich in der Gesellschaft von Artgenossen am wohlsten. Anders als Schafe können Ziegen aber auch schon zu zweit zufrieden sein. Zwei Tiere sollte allerdings wirklich die Mindestzahl sein. Um ihr volles Verhaltensrepertoire ausleben zu können, wäre sicher die Haltung einer kleinen Gruppe von fünf Tieren erstrebenswert. Der Platzbedarf für diese Kleingruppe lässt sich in der Ziegenhaltung weitaus schwerer beziffern als in der Schafhaltung. In der Schafhaltung würde man dieser Tiergruppe mindestens einen halben Hektar, also 5.000 Quadratmeter zuteilen. Für die Ziegenhaltung ist die Beschaffenheit und vor allem die Gestaltung der Weide weitaus wichtiger als die Größe der Fläche. Die optimale Weide zur Ziegenhaltung ist nicht flach, sondern möglichst hügelig, mit einer Klettermöglichkeit und bestenfalls einem Baumbestand oder diversen stabilen Sträuchern. Feuchte Stellen sollten auf der Weide fehlen und die Ziegen sollten unbedingt die Möglichkeit haben, sich vor Wind, Sonne und Regen zu schützen. Dazu mehr im Kapitel über Stall und Weide (Seite 38). Bemerkenswert an Ziegen ist, dass sie auch sehr enge soziale Kontakte zu artfremden Tieren aufnehmen können. Der Klassiker sind Schafe und Ziegen oder Pferde und Ziegen. Hier entstehen oft sehr enge

Freundschaften. Dennoch, eine Ziege sollte die Möglichkeit haben, innerartliche Kontakte zu pflegen. Am friedvollsten lassen sich meist eng verwandte Tiere zusammen halten, wie z. B. Mutter und Tochter, zwei Schwestern oder auch zwei Brüder, zwei Schwestern und deren Töchter usw. Die paarweise Haltung wird ebenfalls bestens funktionieren, wenn der Bock kastriert ist. Andernfalls wird er die einzige Dame, die ihm zur Verfügung steht, derart belästigen, dass diese auf Dauer doch sehr unter ihrem ungestümen Partner zu leiden hat.
Ein Bock sollte, wenn er dauerhaft in der Gruppe lebt, schon eine „Auswahl" von mindestens fünf Geißen haben. Das wird ihn zwar nicht gänzlich auslasten, aber den Damen die Ruhepausen gönnen, die sie verdienen. Auch auf die Haltung des Bockes werde ich näher eingehen (Seite 91). Grundsätzlich benötigen Ziegen zum artgerechten und zufriedenen Leben nicht zwingend einen Bock. Allerdings werden Sie – je nachdem, in welcher Weise Sie Ihre Ziegen nutzen wollen – kaum um Nachwuchs herumkommen, und dazu wäre zumindest der Besuch eines Bockes vonnöten, oder aber die Haltung eines eigenen Paschas für Ihre Damen. Außerdem ist im natürlichen Lebensrhythmus der Ziege durchaus auch eine Trächtigkeit vorgesehen, und die Faszination, die vom eigenen Ziegennachwuchs ausgeht, ist fast unbeschreiblich.

Der mächtige Thüringer Waldziegenbock hat immer ein Auge auf seine Damen.

RECHTLICHE ASPEKTE

Nichts geht ohne Bürokratie, auch die Ziegenhaltung unterliegt diversen Vorschriften. So schreibt z. B. das Tierschutzgesetz vor, dass grundsätzlich jeder Ziegenhalter die nötige Sachkunde für die Ernährung, Pflege und Betreuung seiner Tiere haben muss, um das Wohlbefinden der von ihm gehaltenen Ziegen sicherstellen zu können (§ 2 Nr. 3 des Tierschutzgesetzes). Diese Sachkunde kann man z. B. auf diversen Sachkundelehrgängen erwerben, die von regional organisierten Ziegenzuchtvereinen oder vom überregionalen Ziegenzuchtverband angeboten werden. Es ist dem Neuziegenhalter daher unbedingt empfohlen, sich bei einer dieser Einrichtungen Rat in allen bürokratischen Belangen zu holen.

Korrekt gezeichnete Ziege

Außerdem muss jeder Ziegenhalter seinen Tierbestand beim zuständigen Veterinäramt anmelden. Dort sollte er sich auch über die Kennzeichnungspflicht seiner Tiere informieren. Laut Viehverkehrsverordnung vom 6. Juli 2007 müssen alle Ziegen mit Ohrmarken gekennzeichnet werden. Diese Kennzeichnung ist ein umstrittenes Thema unter den Tierärzten und Tierhaltern, denn gerade Ziegen sind prädestiniert dafür, sich durch das Ausreißen der Marken – beispielsweise beim Fressen im Gebüsch – hässliche Verletzungen zuzufügen. Aber aktuell ist eben die Vorschrift, dass eine Ziege mit Ohrmarke gekennzeichnet sein muss, und das gilt es vom Tierhalter zu beherzigen.

Das Einziehen der Ohrmarken sollte unbedingt durch eine sachkundige Person stattfinden. Zum einen, damit die Marken auch an der richtigen Stelle sitzen, zum anderen, um den Tieren so wenig Schmerz wie möglich zu bereiten. An dieser Stelle sei jedem Neuziegenhalter empfohlen, sich den Rat und ggf. die Hilfe eines erfahren Ziegenhalters zu holen. Ziegen sind wehleidig, das Einziehen der Marken ist für die Tiere kein Vergnügen und sie werden dies lautstark kommentieren. Der Neuziegenhalter wird furchtbar erschrecken, und da kann es sehr beruhigend sein, sich auf einen erfahrenen Kollegen zu verlassen.

Des Weiteren sollten Sie sich bei Ihrer Gemeinde darüber informieren, ob Sie Ihre Ziegen überhaupt dort halten dürfen, wo es Ihnen vorschwebt. Hier gilt es unbedingt, sich über Baurechte bezüglich des Stalles und über Nachbarschaftsrechte schlau zu machen. Informieren Sie sich im Vorfeld!

Alle Vorschriften und Regeln dienen letztlich dem Wohl der Tiere; sie sind darauf ausgerichtet, Tierwohl zu garantieren und haben daher durchaus ihre Berechtigung.

DIE ABSTAMMUNG UNSERER ZIEGEN

Ziegen zählen zoologisch zur Unterfamilie der Ziegenartigen (Caprinae). Die wildlebenden Vorfahren unserer Hausziegen finden sich in den Gebirgen Europas, Asiens und Nordafrikas. Diese Vorfahren lassen sich in vier Arten unterteilen:

- Steinbock *(Capra ibex)*
- Iberien-Steinbock *(Capra pyrenaica)*
- Markor- oder Schraubenziege *(Capra falconeri)*
- Bezoarziege *(Capra aegagirus)*

All diesen Wildziegen ist ihre Lebensweise und die Art der Ernährung gemein. Während die Steinböcke sicher die imposantesten Vertreter ihrer Familie sind, ist die Bezoarziege für uns die interessanteste Wildziegenart. Sie gilt als direkter Vorfahre unserer Hausziegen.

Bezoarziegen leben auch heute noch wild im Kaukasus, in den meisten Gebirgen Kleinasiens und Persiens und auf einigen Inseln im ägäischen Meer. Die Färbung variiert in verschiedenen Rotbrauntönen mit schwarzbraunen Abzeichen im Gesicht, an Brust, Unterhals und Vorderbeinen. Ein dunkler Aalstrich ziert den Rücken der Tiere. Erwachsene Böcke erreichen eine Widerristhöhe von 80–100 cm und eine beeindruckende Hornlänge von bis zu 130 cm. Die Hörner sind säbelförmig nach hinten gebogen. Weibliche Tiere tragen ei-

Die Bezoarziege gilt als direkter Vorfahr unserer Hausziegen.

nen kleineren Kopfschmuck und erreichen auch nicht die Körpermaße der Böcke. Ihren Namen verdankt die Bezoarziege jenen Haarkugeln (im Persischen „Bezoare" genannt), die sich in ihren Mägen weitaus häufiger finden als bei allen anderen Wiederkäuern. Sie bestehen aus Haaren, Harzen und Steinchen, die die Tiere bei der Körperpflege und Nahrungsaufnahme zu sich nehmen. Unglücklicherweise schrieb man früher diesen Kugeln eine heilende Wirkung zu, was zu einer extremen Bejagung der Bezoarziegen führte und sie fast ausrottete. 1860 war der Bestand auf nur noch 50 Tiere dezimiert. Dank strengem Schutz konnte sich die Population erholen und gilt heute nicht mehr als stark bedroht. Bezoarziegen lassen sich fruchtbar mit Hausziegen kreuzen. Aufgrund des gleichen Chromosomensatzes von 2n = 60 entstehen bei dieser Paarung kerngesunde, lebensfähige Nachkommen. Daher ist es durchaus möglich, dass die eine oder andere verwilderte Hausziege mit ihrem Erbgut in einer wild lebenden Gruppe Bezoarziegen aufging.

SCHAF ODER ZIEGE?

Die beiden kleinen Wiederkäuer unterscheiden sich nicht immer so deutlich, dass dem Laien direkt die eindeutige Zuordnung gelingt. Während es einfach ist, Wolle tragende Schafe von unbewollten Ziegen zu unterscheiden – und dies sicher in 90 % aller Fälle auch korrekt ist –, so gibt es doch einige Haarschafrassen wie Kamerunschafe oder Wiltshirehorn-Schafe, die rein äußerlich durchaus einer Ziege ähneln können. Oder die eine oder andere Ziegenrasse erinnert an ein Schaf mit Wolle, wie z. B. die Angoraziege.

Achten Sie auf das Verhalten der Tiere: Schafe weiden im meist recht engen Herdenverband, Ziegen schwärmen viel weiter aus. Schafen ist es meist nicht möglich, auf den Hinterbeinen balancierend an den herabhängenden Ästen eines Baumes zu naschen, Ziegen beherrschen diese Technik perfekt. Vor allem achten Sie auf die Schwanzhaltung: Schafe tragen in Bewegung den Schwanz lose nach unten hängend, bei Ziegen zeigt dieser meist steil nach oben oder wird mindestens waagerecht vom Körper weggestreckt.

Nicht erkennen können Sie den unterschiedlichen Chromosomensatz, obgleich dieser aus biologischer Sicht der Hauptunterschied ist. Er ist auch der Grund dafür, dass aus einer vermeintlichen Paarung von Schaf und Ziege kein lebensfähiger Nachwuchs entstehen kann.

DAS WESEN DER ZIEGE

Unter allen Haustieren hat sich wohl die Ziege am meisten ihre Eigenständigkeit bewahrt. Ziegen sind freiheitsliebende Individualisten mit einer geradezu sprichwörtlichen Neugier, vielleicht am ehesten zu vergleichen mit einer Katze. Der Mensch wird geduldet, aber den Lebensrhythmus bestimmt die Ziege. Sie gibt den Tagesablauf vor und entscheidet meist selbst, wann sie die Nähe zum Menschen sucht und wann sie diesen entbehren kann.

Ziegen sind zwar Herdentiere, leben aber eher lose zusammen, gerne in Familienverbänden innerhalb der Herde. So wird man oft Mutter und Tochter zusammen weiden sehen, oder zwei Schwestern oder zwei gleichaltrige gute Freundinnen. Überhaupt entscheidet jede Ziege selbst, wen sie in ihrer Nähe haben möchte und mit wem sie befreundet sein will. Dies sollte der Halter vor allem in der Stallzeit bedenken.

Klettern ist die größte Freude für alle Ziegen.

Als Tochter der Leitziege wird dieses Kitz bereits in eine ranghohe Position hineingeboren.

KLETTERN UND ERKUNDEN

Ziegen zieht es immer nach oben, sie lieben es zu klettern und in irgendeiner Weise die Welt von oben zu betrachten. Als Hartbodenlieger schätzen sie es sehr, von erhöhten Plattformen aus über ihr Reich zu blicken, auf kargem Fels oder sogar dem Dach des Weideunterstandes zu ruhen und wiederzukäuen. Für die Ziege ist kein Berg zu hoch, und alles, was sie auf der Weide oder im Stall findet, wird sie irgendwie erklimmen wollen. Damit bringt sie sich oft in gefährliche Situationen.

Außerdem ist es ihre unstillbare Neugier, die sie umtreibt. Ziegen erkunden täglich neu ihr Revier und entdecken dabei auch immer wieder ihre Welt neu. Daher rührt es auch, dass Ziegen dazu neigen, genau zu wissen, wann die Batterie am Elektrozaun leer ist und wie man es dann schafft, die Welt außerhalb der Umzäunung zu erkunden. Hier gilt es wirklich, das Wesen seiner Tiere zu verstehen. Es ist nicht etwa der Hunger oder das Verlangen nach frischerem Grün, welches Ziegen die Umzäunung ihrer Weide überwinden lässt, sondern ebendiese unerträgliche Neugier, welche die Tiere förmlich dazu zwingt, sich außerhalb ihrer Weide nach neuen Abenteuern umzusehen. Wissend um diese Eigenschaft, schafft es der Ziegenhalter wesentlich leichter, erstens seine Tiere in der Weide zu halten und zweitens sich weniger darüber aufzuregen, wenn seine Herde doch einmal auf Wanderschaft geht.

DIE HERDENSTRUKTUR

Innerhalb der Herde herrscht eine strenge Hierarchie, und auch hier strebt jedes Tier ein wenig nach der Weltherrschaft. Daher kommt es unter Ziegen öfter mal zu kleinen oder größeren Rangeleien. Den Herdenvorsitz hat immer eine erfahrene, starke Leitgeiß. Es herrscht das Matriarchat. Aber eben aufgrund des Strebens jeder Ziege nach „Höherem" kann diese Matriarchin sich ihrer Sache nie wirklich sicher sein und muss ihre Position oft verteidigen.

INTELLIGENTE ZIEGEN

Erwähnt werden muss unbedingt auch, dass Ziegen unter den Haustieren sicher zu den intelligentesten gehören. Sie erfassen wiederkehrende Abläufe sehr rasch, lernen schnell ihren Besitzer zu erkennen und von anderen Menschen zu unterscheiden, können tatsächliche Gefahr von potenzieller Gefahr unterscheiden und prägen sich z. B. Wege von einer Weide zur nächsten oder von der Weide in den Stall sehr genau ein. So neugierig sie sind, sosehr hängen sie an einem festen Weltbild.

Ich z. B. habe mit meinen Ziegen die Erfahrung gemacht, dass sie es kaum ertragen, wenn nach einem Weideumzug „ihr" Weideunterstand nicht schnell genug nachgefahren wurde. Solange sie ohne Unterstand waren (unabhängig von der Notwendigkeit desselben), liefen sie meckernd und wehklagend aufgeregt über die neue Weide, während sich die Schafe schon genüsslich über das neue Futter hermachten. Sobald ich mit dem Unterstand angefahren kam, kehrte sekundenschnell Ruhe ein und auch die Ziegen konnten sich entspannt der Nahrungsaufnahme widmen. Es darf also auch keine zu große Veränderung der Gegebenheiten die Ziege erschüttern.

Apropos wehklagen: Wehleidig sind Ziegen allemal. Eine kranke Ziege wird sich vollends ihrer Erkrankung hingeben und sich hängen lassen. Während Schafe weitaus weniger auffällig leiden, sind die divenhaften Ziegen hier voll in ihrem Element: Eine kranke Ziege lässt sprichwörtlich den Kopf hängen, wird schnell die Nahrungsaufnahme verweigern und heftig mit den Zähnen knirschen. Ziegen sind daher nicht die beliebtesten Patienten bei den Tierärzten.

Und wasserscheu ist die Ziege. Sie hasst nichts mehr als Nässe. Sowohl von unten, in Form eines Baches oder vielleicht der feuchten Weide, als auch besonders von oben. Bei Regen suchen Ziegen meist schon vor Beginn des Schauers sehr instinktsicher mögliche Unterstellplätze auf, um sich ins

Schnell lernen Ziegen, Leckereien aus der Hand ihres Pflegers entgegenzunehmen.

Trockene zu bringen. Es wird daher kaum passieren, dass Ihre Ziegen z. B. freiwillig einen Bach durchschwimmen. Wasser am Körper ist ein No-Go für die Ziege, und sie wird alles daransetzen, dieses von sich fern zu halten.

GESCHICHTLICHES ZUR ZIEGENHALTUNG

Die Domestikation der Ziege erfolgte vermutlich um 9.000 v. Chr. im Vorderen Orient. Damit ist die Ziege eines der ältesten domestizierten Haustiere überhaupt. Als Belege für diese Annahme dienen Ausgrabungen in Ganj Dareh und Ali Kosch (Irak), die ein Alter von ca. 10.000 Jahren aufweisen.

Die Gründe für die Domestikation der Ziege waren mannigfaltig, natürlich wurden die Tiere zunächst hauptsächlich wegen ihres Fleisches und der Haut (dem Leder) gezähmt und gehalten, allerdings war wohl auch ihr Fressverhalten mit ein Grund, sie an den Menschen zu binden: Ziegen wurden nach verschiedenen Quellen wohl auch schon sehr früh dazu eingesetzt, Buschland und Wald in Ackerland zu verwandeln. Zumindest halfen sie schon sehr früh dem Menschen beim Roden der Wälder und schufen somit auch die Möglichkeit, dort Ackerbau zu betreiben.

Viel später erkannte der Mensch den Nutzen der Ziegenmilch, und durch gezielte Züchtung schuf er ein Haustier, welches sich die Robustheit seiner Vorfahren erhalten hat und ihm als schmackhafter Fleisch- und vorrangig als Milchlieferant zur Verfügung stand. Die Fähigkeit der Ziege, aus karger Kost Fleisch und Milch „herzustellen“, machte sie schnell zu einem der wichtigsten und wirtschaftlichsten Haustiere überhaupt.

Die Nutzung der Ziege als Zugtier war bis Anfang des 20. Jahrhunderts auch in Europa weit verbreitet. Die erstaunlich kräftigen, genügsamen und robusten Ziegen wurden vor Kutschen und Wagen gespannt und, falls keine größeren Tiere verfügbar waren, auch zum Pflügen verwendet. In bergigem Gelände dienten Ziegen als Lasttiere.

Ziegen werden noch heute oft als die „Kuh des kleinen Mannes“ bezeichnet, da sie mit weniger Futter auf meist kleinerer Fläche im Verhältnis durchaus ähnliche Milchleistungen liefern können wie alte Rinderrassen. In Deutschland hatte die Ziegenhaltung vor allem in der Nachkriegszeit ihren Höhepunkt.

Heute wird die Ziege wirtschaftlich vor allem zur Milch- und Käseproduktion genutzt. Aber auch das Fleisch ist nach wie

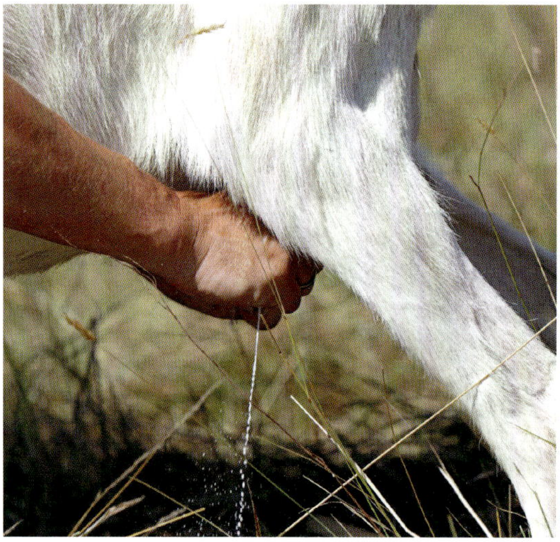

Eine gute Milchleistung wird von jeher geschätzt.

Zwei Jungziegen messen ihre Kräfte und proben spielerisch für den Ernstfall.

vor geschätzt und sehr beliebt. Außerdem werden Ziegen zur Landschaftspflege eingesetzt, um z. B. der Verbuschung vorzubeugen. In großen Schafherden findet man immer ein paar Ziegen, die gerne die Leitposition in der Herde einnehmen und oft zur Aufzucht verwaister Schaflämmer mitgeführt werden.

NATÜRLICHE VERHALTENSWEISEN

Wie schon erwähnt, sind Ziegen Herdentiere. Allerdings leben Ziegen in weitaus loserem Verband als z. B. Schafe. Meist halten die Tiere losen Kontakt zu ihren Weidegenossen, und ganz oft ist es so, dass sich innerhalb der Ziegenherde ausgeprägte Freundschaften entwickeln oder starke Familienbande gepflegt werden.

In die Struktur der Ziegenherde wird man „hineingeboren“. Es gibt eine sehr strenge Rangfolge, angeführt von einer dominanten und erfahrenen Leitgeiß, diese wiederrum schart ihre engsten Verwandten um sich, also ihre Töchter und Enkelinnen. Meist entstammt aus dieser Gruppe auch die Nachfolgerin der Leitziege. Ähnliche Gruppen bilden sich auch in der Rangfolge darunter. So führt vielleicht die Schwester der Leitziege, im Rang dicht hinter dieser, ebenfalls ihre Töchter und Enkelinnen. Mitunter entstammt auch aus dieser Grup-

Für Kitze rangniederer Ziegen ist es fast unmöglich, zur Herdenspitze aufzusteigen.

Die Zwergziege sondiert ihre Umgebung und überlegt, was sie als nächstes anstellen kann.

pe die folgende Chefin, aber das ist schon unwahrscheinlicher. Alle anderen Gruppen dürften zwar ähnlich aufgebaut sein, aber niemals die Chance auf die Führung haben. Somit ist es für eine Ziege aus einer rangniederen Familie fast unmöglich, jemals an die Herdenspitze zu kommen. Diese wichtige Rangfolge sollte der Besitzer im Auge haben. Kennt er sie gut, kann das das Zusammenleben mit seinen Ziegen erheblich erleichtern. Der Bock oder ggf. die Böcke spielen im Herdenverband übrigens meist eine eher untergeordnete Rolle. Genau genommen ist der Bock für die Herde nur interessant, wenn es um die Fortpflanzung geht. Darum wissend, wird sich der Herr des Harems meist mehr oder weniger geduldet am Rande seiner Herde bewegen und sich kaum hervortun. Außer natürlich, wenn es etwas sehr Leckeres zu fressen gibt – dann freilich wird er versuchen, den Leckerbissen für sich zu beanspruchen.

Hat man mehrere Böcke, so werden sich die Jungs sicher zusammentun und jenseits der Paarungszeit ihre eigenen Wege gehen. Hier gilt es natürlich zu bedenken, ob Ihre Ziegen saisonal bockig werden, wie die meisten Rassen, oder zu den asaisonalen Rassen zählen. Dazu mehr im Kapitel Fortpflanzung (Seite 89).

Ziegen sind, wie schon beschrieben, an Neugier nicht zu überbieten. Daher zieht es die Ziege zu immer neuen Abenteuern. Und besonders gerne nach oben. Das ist das Erbe ihre Vorfahren, die sich im Hochgebirge sicher über Felsen bewegen mussten, um ihre karge Kost zu finden. Ziegen lieben es zu klettern, und je schwieriger es scheint, desto mehr reizt es die Ziege, den Weg nach ganz oben zu finden. Und sie

wird den Weg suchen – ohne Unterlass, aus purem Spaß und reiner Neugier.
Während die Ziegen beim Klettern meist nicht wahrnehmen, dass sie sich in Gefahr begeben und mitunter wirklich in den unmöglichsten Situationen stranden, so nehmen sie Gefahr, die von außen kommt, meist sehr rasch wahr. Fremden Menschen gegenüber begegnet die Ziege meist zunächst skeptisch, aber ihre Neugier lässt sie nicht los und zwingt sie förmlich zu näherer Betrachtung des Zweibeiners. Zeigt sich dieser mit guten Absichten und bestenfalls noch mit etwas Fressbarem in der Hand, kann er schnell der Zuneigung der Ziege sicher sein. Aber vorsichtig, wie sie ist, wird sie nicht mit jedem Fremden mitgehen und sich auch im Normalfall nicht gerne fangen lassen.
Ähnlich verhält es sich bei „angreifenden Raubtieren". Ein fremder Hund z. B. kann die Ziegenherde regelrecht in Panik versetzten, meist aber erst nach der Prüfung durch die Leitziege oder aber weil er völlig überraschend, quasi aus dem Nichts, aufgetaucht ist. Ansonsten sind Ziegen weitaus angriffslustiger als Schafe und wissen sich meist sehr gut zur Wehr zu setzen. Meist ist daher Angriff die erste Form der Verteidigung, ganz anders als beim friedlich veranlagten Schaf. Tatsächliche Feinde werden mit den Hornspitzen angegriffen – und das meist ohne Vorwarnung –, während man sich innerhalb der Herde und Familie eher androht und sich mit der Stirnseite und selten mit den Hörnern „bekämpft"
Untereinander sind Ziegen auch immer zu einem Kämpfchen oder zur Neusortierung der Rangfolge aufgelegt. Häufig kommt es zu kleineren Rangeleien, die in der Regel aber ohne Folgen bleiben.
Junge Ziegen sind sehr verspielt und immer in Bewegung, hier wird sehr viel mehr gerangelt. Im Alter werden auch Ziegen ruhiger, allerdings bleiben sie immer weitaus mobiler, als man sich vorstellen mag.
Ganz wichtig ist an dieser Stelle auch zu erwähnen, dass Ziegen hochsoziale Tiere sind, mit einem immens starken Bedürfnis nach Zuneigung. Eine Ziegenmutter kümmert sich meist mit einer Hingabe um ihre Lämmer, wie sie sonst im Tierreich kaum zu finden ist. Ziegen, die sich nahestehen, werden immer wieder Körperkontakt suchen und sich eng aneinanderlegen. Eine Ziege, die „ihrem Menschen" vertraut, wird ihn

Außerhalb der Paarungszeit führt der Bock eher ein Schattendasein.

Ziegen sind sehr aufmerksam und beobachten ihre Umgebung genau.

das deutlich spüren lassen und ganz sicher ihre Streicheleinheiten einfordern.
Ziegen lieben es, auf hartem Untergrund zu ruhen. So aktiv und einfallsreich sie bei der Nahrungsaufnahme sind, so genügsam sind sie bei der Wahl des Ruheplatzes. Dieser muss nur hart genug und hoch genug sein. Und trocken. Das ist ganz wichtig, Ziegen hassen Feuchtigkeit und würden sich niemals freiwillig auf einen feuchten, womöglich dreckigen Platz legen.
Als Wiederkäuer zieht sich die Ziege meist um die frühe Nachmittagszeit, am Abend und in der späten Nacht zum erneuten Durchkauen ihrer Nahrung zurück. Und hier ist es ihr eben enorm wichtig, den Überblick zu behalten.
All diese Verhaltensweisen werden Sie mehr oder weniger ausgeprägt auch in Ihrer Ziegengruppe beobachten können, und Sie sollten sie unbedingt im Hinterkopf behalten, wenn es an die Weideplanung und – noch viel wichtiger – an die Stallplanung geht.

SINNESLEISTUNGEN

RIECHEN

Auch wenn es sich der ein oder andere kaum vorstellen mag: Ziegen haben einen ausgesprochen guten Geruchssinn. Neben der Riechschleimhaut dient auch das sog. Jacobsonsche Organ zur Analyse von Gerüchen. Dabei handelt sich um einen kleinen Kanal hinter den Schneidezähnen im Gaumen bis zur Nasenhöhle. Das Prüfen des Geruchs mit diesem Organ ist äußerlich durch das Flehmen zu erkennen. Gerade bei Böcken während der Paarungszeit fällt es oft auf, wie sie nach dem Riechen an der Ziege den Kopf nach hinten strecken und die Oberlippe hochziehen (S. 91). Alle Ziegen können Herdenmitglieder am Geruch erkennen, und vor allem der Muttergeiß hilft der Geruch ihres Lammes, dasselbe wiederzufinden.

SCHMECKEN

Ziegen können süß, sauer, salzig und bitter unterscheiden. Gerade zur Geschmacksrichtung „bitter" sind Ziegen sehr tolerant eingestellt. Obwohl voller Bitterstoffe und Gerbstoffe (Tannine), lieben Ziegen Tannenreiser und anderes Astwerk. Davon werden sie förmlich angezogen, genauso wie von allem Salzigen. Salz- und Minerallecksteine sind deshalb nicht nur gesund, sondern auch sehr beliebt.

SEHEN

Als Fluchttiere sind Ziegen stets auf der Hut. Sie verfügen dank der seitlich am Kopf liegenden Augen über ein weites Gesichtsfeld und damit eine ausgezeichnete Rundumsicht von ca. 270 Grad. Auffällig am Ziegenauge ist aber, genau wie beim Schaf, die waagerechte Pupille. Mit der hauptsächlich vertikal erfolgenden Verengung der Pupille hat die Ziege auch an sonnigen Tagen gute Sichtverhältnisse. Ziegen können Farben erkennen und unterscheiden. Das Farbsehvermögen der Ziegen bleibt aber hinter demjenigen des Menschen zurück und ist weniger intensiv.

TASTSINN

Vor allem die Lippen der Ziegen sind sehr sensibel: nicht nur unglaublich beweglich, sondern auch sehr feinfühlig. Ziegen können damit geschickt Blätter aus Dornenbüschen pflücken, ohne sich zu verletzen. Sie können Äste so umschließen, dass sie sich nicht an der Rinde oder den Dornen verletzen. Ziegen fühlen mit den Lippen Kälte und Wärme. Außerdem haben Ziegen sehr sensible Klauen, weitaus empfindsamer als die der Schafe. Mit ihnen ertasten Ziegen die Beschaffenheit des Bodens und sichern sich so einen festen und sicheren Tritt bei ihren Kletterausflügen.

HÖREN

Ähnlich wie Schafe können auch Ziegen sehr gut hören. Und weitaus breit gefächerter als ihren bewollten Kollegen wissen sie

Der Ast hat gute Dienste geleistet, um sich mal hinter den Hörnern zu kratzen.

diesen Sinn einzusetzen. Ziegen kommunizieren untereinander mit einer Vielzahl unterschiedlichster Meckerlaute, wissen sich aber auch ihrem Besitzer sehr bald deutlich mitzuteilen. Sie werden Ihre Ziegen sicher hören, wenn diese Sie an die längst fällige Fütterung erinnern. Das Repertoire der Ziege reicht vom leisen, gurgelnden Meckern, mit dem die Mutter ihre Neugeborenen begrüßt und umsorgt, über den vermeintlichen Schmerzensschrei, den die Tiere ausstoßen, falls eine Kollegin mal zu fest zugestoßen hat oder gar tatsächlich ein Tier verletzt wurde, bis hin eben zu dem unüberhörbaren lauten Schreien, wenn der Besitzer an die Fütterungszeit erinnert wird. Überdies erkennen Ziegen die Stimme ihres Halters sehr schnell und sehr genau und werden „ihren" Menschen auch dadurch immer wiedererkennen.

Der imposante Bock genießt die Abendsonne.

DER SECHSTE SINN

In der jüngeren Vergangenheit haben Forscher das Verhalten von Ziegen an den Hängen des Vulkans Ätna in Sizilien untersucht. Tatsächlich ist es so, dass die dort grasenden Ziegenherden immer einige Zeit vor einem Ausbruch dieses aktiven Vulkans plötzlich geschlossen von den Hängen flohen und versuchten, Schutz unter Felsvorsprüngen und Bäumen zu finden.

Ebenso haben Forscher in der Schweiz festgestellt, dass vor allem die Ziegen vor kleineren und größeren Erdbeben deutlich unruhig wurden und versuchten, zu fliehen und sich in Sicherheit zu bringen.

Es gibt jeweils signifikante Zusammenhänge zwischen den Naturereignissen und dem Verhalten der Ziegen. Wie genau den Tieren das Vorhersehen der Naturereignisse gelingt, ist noch unklar. Im Falle der Vulkanausbrüche vermutet man, dass die Ziegen Veränderungen in der Zusammensetzung der Atemluft wahrnehmen, die durch kleinste Gasemissionen entstehen könnten.

DIE SACHE MIT DEN HÖRNERN

In aller Regel tragen alle Ziegen – sowohl die weiblichen als auch die männlichen – fast aller Rassen Hörner. Die Ziegenhörner sind den Tieren wichtige Hilfsmittel im Alltag und sowohl Signale der Rangstellung als auch tatsächlich Waffen zur Verteidigung oder zum Angriff. Das Horn ist zwar im äußersten Ende nicht mehr als ein lebloser Knochenhautauswuchs – vergleichbar mit dem menschlichen Fingernagel –, mitnichten aber völlig gefühllos. Wer einmal sah, wie Ziegen es verstehen, sich mit den Hornenden an diversen Körperstellen zu kratzen oder wie sie mithilfe ihrer Hörner Äste aus Bäume brechen, der weiß, welch feine Werkzeuge die Natur den Tieren da mitgegeben hat.

Im Laufe der Rassenzucht und der Selektion auf nutzbarere Merkmale entstanden auch Ziegen ohne Hörner, also genetisch hornlos. Diese Tiere sind zweifelsfrei völlig gesund und zunächst einmal nicht wirklich „behindert" in ihrem Alltag. Allerdings birgt die Hornlosigkeit gewisse Nachteile für die Zucht und für das Tier selbst. Angefangen damit, dass hornlose Tiere innerhalb einer Herde, in der auch Ziegen mit Hörnern leben, niemals eine Chance haben werden, ihre Rangposition zu verbessern und ein Leben lang die niederen Plätze der Herde einnehmen müssen, bis hin zu dem Mangel des Genusses, welchen eben die Hörner bei der Körperpflege bieten können.

Vor allem aber ist zu bedenken, dass bei einer Zucht mit hornlosen Ziegen der Anteil an Zwittern in der Nachzucht bei 50 % liegen kann. Mit der Hornlosigkeit scheint eine Disposition zur Zwitterbildung verbunden zu sein: Verpaart man einen hornlosen Bock mit hornlosen Ziegen, so wird man im Mittel die Hälfte der Lämmer nicht zur Weiterzucht verwenden können, da sie zwittrig veranlagt sind. Diese Tiere eignen sich natürlich zur Aufzucht als Schlachttier, es bleibt aber jedem selbst überlassen, ob er in seiner Zucht wissentlich eine derartig hohe „Ausschussrate" in Kauf nehmen möchte. Setzt man beispielsweise einen behornten Bock für seine hornlosen Ziegen ein, reduziert sich die Zahl der zwittrigen Lämmer deutlich. Es werden aber immer noch statistisch ein Viertel der Lämmer als Zwitter auf die Welt kommen. Bei Hörner tragenden Ziegen ist dieses Problem weitaus weniger relevant als bei hornlosen Tieren.

Natürlich liegt der Vorteil hornloser Tiere – vor allem bei der Haltung in größeren landwirtschaftlichen Betrieben – klar auf der Hand: Die Haltung im Stall ist angenehmer und es kommt zu weitaus weniger Verletzungen. Allerdings würden sich derlei Verletzungen auch durch ein gutes Stallbaukonzept vermeiden lassen, bei dem man den Tieren die Möglichkeit gibt, auch im Stall ihre Individualdistanz einhalten zu können. Dazu mehr im Kapitel Ziegenstall (Seite 48).

Früher war es aus eben diesen Gründen üblich, den jungen Kitzen mit einem Ätz-Alkali-Stift die Hornansätze abzuätzen und so hornlose Tiere zu schaffen. Diese Methode halte ich persönlich aber für tierschutzrelevant und ich möchte daher hier gar nicht näher darauf eingehen. Wenn dies nicht von jemandem durchgeführt wurde, der sein Handwerk verstand, konnte es zu hässlichen Unfällen kommen. Gönnen Sie sich Ziegen mit Hörnern und schaffen Sie einfach die Möglichkeit für die Tiere, artgerecht und zufrieden mit ihren natürlichen „Waffen" bei Ihnen leben zu können. Dies als Tipp von mir, und zum Wohl der Ziege.

DIE ZIEGENRASSEN

BUNTE DEUTSCHE EDELZIEGE BDE

Eine der beiden gängigsten Wirtschaftsrassen in Deutschland. Mit 67 % die häufigste Ziegenrasse in Deutschland. 1928 wurden alle farbigen Ziegenschläge unter der Bezeichnung BDE zusammengefasst und weitergezüchtet. In der Regel überwiegend braun, mit Aalstrich, gehörnt und ungehörnt. Sie liefert durchschnittlich 1.000 Liter Milch pro Jahr mit einem Fettgehalt von 3,7 %. Robuste heimische Ziegenrasse, fruchtbar und pflegeleicht.

WEISSE DEUTSCHE EDELZIEGE WDE

Die andere der beiden Wirtschaftsrassen. Noch höhere Milchleistung, 1884 durch Einkreuzung von Schweizer Appenzeller- und Saanenziegen veredelt und ebenfalls 1928 unter dem Begriff WDE zusammengefasst. Seitdem einheitliche Zucht auf eine reinweiße Ziege mit und ohne Hörner. Kurzhaarig. Hohe Fruchtbarkeit, hervorragende Milchleistung von durchschnittlich über 1.000 Litern im Jahr.

THÜRINGER WALDZIEGE

Aparte Zweinutzungsrasse mit hervorragender Milchleistung von durchschnittlich fast 1.000 Litern Milch pro Jahr mit 3,9 % Fett, außerdem sehr frohwüchsige Lämmer mit hervorragendem Fleischansatz. Entstanden Ende des 19. Jahrhunderts durch das Einkreuzen von Toggenburger Böcken in den Ziegentyp der im Thüringer Wald gehaltenen Tiere. 1935 unter dem Rassenamen Thüringer Waldziege zusammengefasst und seitdem in Reinzucht. Überwiegend schokobraun mit weißen Strahlen im Gesicht und weißen Beinen, seltener schwarz mit ebensolchen Abzeichen. Gehörnt und ungehörnt. Schöne, sehr robuste Tiere. Leider im Bestand bedroht und daher auf der roten Liste der aussterbenden Haustiere. Ein Schicksal, das sie wahrlich nicht verdient.

Zwei Bunte deutsche Edelziegen mit unterschiedlicher Zeichnung

Eine Familie der Weissen deutschen Edelziege

Bock in der schwarzen Färbung der Thüringer Waldziege

TOGGENBURGER ZIEGE

Wunderschöne Schweizer Lokalrasse. In der Regel hellbraun mit weißen Abzeichen, ähnlich der Thüringer Waldziege. In der Regel mit längerem Deckhaar im hinteren Teil des Körpers. Robust und fruchtbar, meist gehörnt. Durchschnittlich 900 Liter Milch pro Jahr.

TAUERNSCHECKE

Sehr auffällige, ausgesprochen schöne Ziege. Wie der Name schon sagt, in aller Regel bunte Schecken, deren Ursprung im Krumltal (Tauern) zu finden ist. Kurzhaarige Ziege mit kräftigem Fundament, gute Milchleistung, sehr frohwüchsige Lämmer. Oft dreifarbig. Gehörnt. Sehr robust und anspruchslos.

PFAUENZIEGE

Sehr attraktive, große Gebirgsziege. Die Milchmenge von 470 Litern im Jahr ist eher unerheblich, aber die Frohwüchsigkeit der Lämmer macht dieses Manko wett. Die Pfauenziege stammt aus der Region Graubünden und dem Tessin, die Lokalrasse ist im Bestand stark gefährdet. Ihren Namen verdankt die auffallend schwarz-weiße Ziege ihrer Gesichtszeichnung. Die „Pfaven" (rätoromanisch: Flecken) gaben ihr den Namen.

01

04

02

03

WALLISER SCHWARZ-HALSZIEGE

Eine, wenn nicht *die* schönste aller Ziegenrassen. Die vordere Körperhälfte der langhaarigen, stämmigen Gebirgsrasse ist tiefschwarz, die hintere reinweiß. Erstaunlich gute Mastleistung, eher befriedigende Milchleistung. Sie stammt aus dem Wallis in der Schweiz, ist aber weit über die Grenzen dieses Kantons beliebt und beheimatet.

01 Ungehörnte kurzhaarige Toggenburger Ziege

02 Kopfprofil der bunten Tauernschecke

03 Bock und Jungtier der aparten Pfauenziege

04 Wunderschöne Walliser Schwarzhalsgeiß in bestem Pflegezustand

BURENZIEGE

Die Fleischziegenrasse schlechthin. Fruchtbare Ziege mit erstaunlicher Mastleistung. Seit Beginn des 20. Jahrhunderts wird die südafrikanische Rasse auf Fleischleistung gezüchtet. Die überwiegend weiße Ziege hat meist nur am Kopf rostrote Abzeichen und ist mit den starken Hängeohren unverkennbar. Robuste Rasse.

Auffällige Schlappohren bei den Burenziegen

WESTAFRIKANISCHE ZWERGZIEGE

Sehr bunte, extrem kleine Ziege mit kurzen Beinen, gedrungenem Rumpf und relativ dickem Bauch. In ihrer afrikanischen Heimat tatsächlich des Fleisches wegen gehalten, erfreut sie sich hier großer Beliebtheit in Streichelzoos und vielen Hobbyhaltungen. Clevere, kleine Kobolde mit ausgesprochen anhänglichem Charakter. Wirtschaftlich nicht interessant, aber für jeden Ziegenfreund ein Muss. Alle Farben und Scheckungen kommen vor, in der Regel immer gehörnt.

Die Zwergziege entspricht dem Kindchenschema

ANGLO NUBIER ZIEGE

Ebenfalls sehr bunte und farbenfrohe Ziege. Groß, mit kurzem Kopf, oft ungehörnt. Entstanden durch gezielte Anpaarung ägyptischer und indischer Rassen mit Schweizer und britischen Ziegen. Extrem hohe Milchleistung von über 1.000 Litern jährlich, extrem frohwüchsig. Sehr fruchtbar. Die Milch ist fetter als die anderer Rassen. Unverkennbar durch den kurzen, geramsten Kopf und die sehr langen Schlappohren.

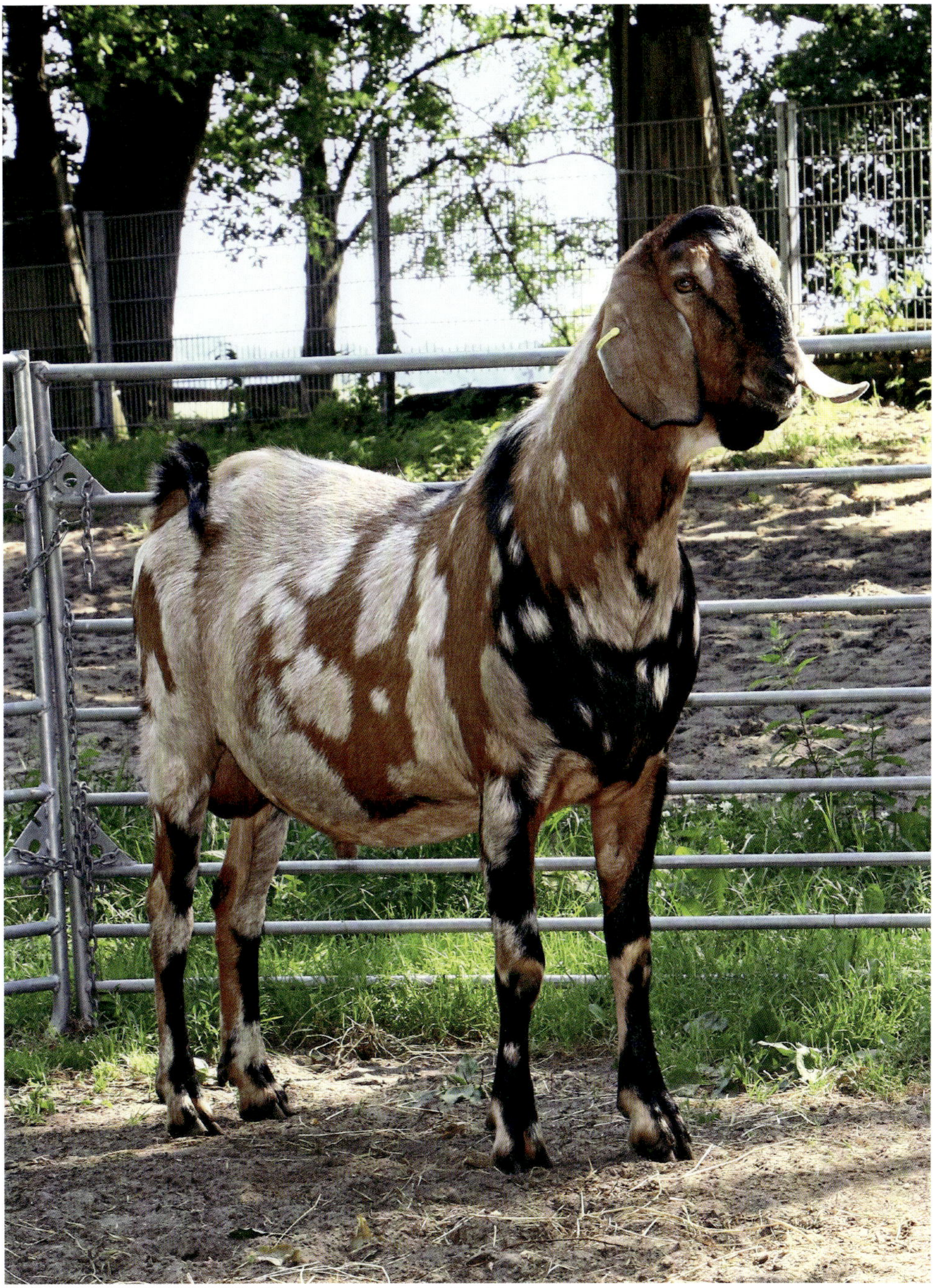

Anglo Nubier – eine große Varianz der Fellfarben und ebenfalls große Schlappohren

ZIEGEN PFLEGEN

— *artgerecht und natürlich*

AUSWAHL UND KAUF

Wenn Sie sich auf eine Ziegenrasse festgelegt haben, geht es daran, sich Tiere dieser Rasse anzuschaffen. Dazu gibt es mehrere Möglichkeiten: Die optimale ist sicher, über einen regionalen Ziegenzuchtverband eine Züchterliste „Ihrer" Rasse zu erhalten.

Die Adresse eines Ziegenzuchtverbandes finden Sie sowohl im Internet als auch über Ihr zuständiges Veterinäramt. Und bei jedem Zuchtverband wird man Sie sicher gerne unterstützen und Ihnen Züchter in der näheren oder ggf. auch weiteren Umgebung nennen.

Eine andere, heute vielleicht gebräuchlichere und eventuell einfachere Methode ist es, im Internet nach angebotenen Tieren Ihrer Rasse zu suchen. Allerdings gebe ich zu bedenken, dass man hier sicher schneller fündig wird, der Anteil an weniger rassetypischen Tieren hier aber um ein Vielfaches höher ist und manch eine Fahrt zum Tierkauf enttäuschend endet. Ich empfehle daher den Weg über den Zuchtverband, auch im Hinblick darauf, dass Sie im besten Fall mit dem Kauf bei einem erfahrenen und guten Züchter auch einen Menschen gefunden haben, der Sie auch nach dem Kauf noch gerne bei auftretenden Fragen und Problemen unterstützt.

Voller Vorfreude werden Sie nun also Kontakt zu dem einen oder anderen Züchter aufnehmen und hoffentlich bald einen Besuchstermin ausmachen können, um sich die Tiere des Züchters ansehen zu können. Bevor nun angesichts des potenziellen Familienzuwachses die Euphorie vor wirtschaftliche Überlegungen und gesunden Menschenverstand tritt, sollten Sie sich auch bei einem renommierten Züchter die Tiere sehr genau ansehen. Entsprechen sie

Eine glückliche Ziegenfamilie erfreut das Herz des Halters.

Eine typvolle Walliser Schwarzhalsziege mit hoffnungsvollem Nachwuchs

wirklich dem Zuchtziel? Stimmt – falls Sie in die Käserei einsteigen wollen – die Milchleistung? Sind die Tiere in dem Fall milchleistungsgeprüft? Ganz wichtig: Erscheinen Ihnen alle Tiere gesund? (Gesundheits-Check Seite 67) Bei einem verantwortungsvollen und guten Züchter werden Sie alle diese Fragen leicht mit „Ja" beantworten können, und dieser wird ihnen sicher voller Freude und ebenfalls euphorisch alle Fragen gerne und korrekt beantworten.

Mitunter gibt es aber eben auch in Züchterkreisen „schwarze Schafe" und für den Neuziegenhalter sind diese nicht immer leicht zu erkennen. Im besten Fall nehmen Sie sich zum Besuch und auch zum späteren Kauf einen erfahrenen Ziegenhalter mit, der Sie berät und ihnen hilft, die richtigen Tiere auszuwählen.

Und seien Sie realistisch und ehrlich zu sich selbst: Sie werden sich aus den verschiedensten Gründen für diese Rasse entschieden haben und sollten nun darauf achten, auch wirklich rassetypische Tiere zu erwerben. Wenn Sie Milchziegen haben möchten, müssen Sie neben dem guten und gesunden Exterieur vor allem ein Auge aufs Euter und auch auf die Milchleistung werfen, auch auf die der Mütter und Großmütter der zu erwerbenden Tiere. Ziegen, die Sie melken wollen, müssen unbedingt auch ein gutes und zahmes Wesen haben. Allzu scheue Tiere sollten Sie als Anfänger eher nicht mit nach Hause nehmen, und Tiere mit schlechtem Euter oder schlechter Milchleistung sind ebenfalls kein guter Start in die Ziegenhaltung.

Wenn Sie Fleischziegen haben möchten, müssen Sie die täglichen Gewichtszunahmen der Lämmer betrachten. Ein guter Fleischziegenzüchter wird Ihnen genau sagen und zeigen können, wie die Zunahmen seiner Lämmer sind.

Und wenn Sie sich für etwas exotischere Rassen entschieden haben, sollten Sie ebenfalls auf die Charakteristika der Rasse achten. Eine Walliser Schwarzhalsziege beispielsweise sollte keine weißen Abzeichen im schwarzen Teil haben und keine schwarzen im hinteren Bereich. Achten Sie darauf, auch wenn sie dem Charme der zu erwerbenden Tiere erlegen sind, denn falls Sie in die Zucht einsteigen wollen, dann sollten Sie auch wirklich mit rassetypischen Tieren beginnen.

Sollten Sie nur einige Tiere haben wollen, um sich an ihnen zu erfreuen, aus reiner Liebhaberei, ohne über Zucht, Milch- und Käse- oder Fleischproduktion nachzudenken, dann dürfen Sie gerne bei dem einen oder anderen Tier in puncto Rassemerkmale Abstriche machen, nie aber bei der Gesundheit!

DER RICHTIGE ZEITPUNKT

Nachdem der Züchter des Vertrauens gefunden ist, stellt sich die Frage nach dem optimalen Zeitpunkt zum Erwerb Ihrer zukünftigen Haustiere. Die meisten aller Ziegenrassen lammen im Frühjahr, damit wäre bei einer Aufzucht an der Mutter ein Umzug der Ziegenkinder in ein neues Zuhause im Frühsommer am einfachsten. Jetzt ist es in der Ziegenhaltung aber so, dass es durchaus die eine oder andere wirtschaftlich orientierte Haltungsform gibt, in der man sich sehr gerne weitaus früher von Teilen der Nachzucht trennen mag. Milch liefernde Betriebe bzw. Käsereien werden ihre Lämmer schon sehr früh nach der Geburt zur mutterlosen Aufzucht abgeben. Man mag nun darüber denken wie man möchte, es ist aber nun mal so, dass man als erfolgreich wirtschaftender Milchbetrieb die Lämmer nicht alle behalten kann und auch nicht an der Mutter aufziehen kann, wenn man aus deren Milch Käse herstellen möchte. Einige Betriebe arbeiten

Diese drei Zwergziegen sind zufrieden im neuen Heim angekommen.

mit einer Methode, in der die Lämmer einen Teil der Zeit von den Müttern getrennt werden, dann werden diese gemolken und die Lämmer müssen sich mit dem „Rest" begnügen. Die meisten Betriebe ziehen die Lämmer aber mit Milchaustauscher an Tränken auf und trennen sich meist auch sehr früh von ihnen. Solche Lämmer könnten Sie also sehr früh im Jahr erwerben, müssten dann aber selbst die zeit- und kostenaufwendige Handaufzucht übernehmen. Dafür hätten Sie dann aber auch sehr zahme und menschenbezogene Ziegen. Auch einige Fleischziegen lammen ganzjährig, und so kann man bei einigen Züchtern dieser Rassen auch ganzjährig Lämmer erwerben.

Am besten starten Sie Ihr Projekt „Ziegenhaltung", das anfangs mehr Zeit braucht als bei späterer Routine, in der wärmeren Jahreszeit, wenn man gerne und lange Zeit im Freien verbringt. Im Frühsommer lassen sich eigentlich bei jedem Züchter der ausgewählten Rasse Tiere erwerben.

Klarer, wacher Blick, trockene Nase: Das Tier wirkt gesund und munter.

GESUNDHEITSCHECK UND ALTER

Ein seriöser Züchter wird immer bemüht sein, Ihnen gesunde, rassetypische und gepflegte Tiere zu verkaufen, bei denen auch das angegebene Alter korrekt ist. Vor allem bei Herdbuchtieren erwerben Sie neben dem Tier quasi auch einen Abstammungsnachweis, der ihnen Informationen über das Tier und dessen Vorfahren liefert. Trotzdem sollten Sie als künftiger Ziegenhalter wissen, woran man eine gesunde Ziege erkennt und wie sich deren Alter bestimmen lässt. Achten Sie beim Kauf auf folgende einfache Kriterien:

— Eine gesunde Ziege ist neugierig, wachsam und insgesamt sehr lebhaft. Ihre Augen sind klar, die Lider nicht verklebt und der Blick stets neugierig auf Sie gerichtet.
— Das Fell sollte vor allem im Sommer glatt und glänzend sein; langhaariges ohne Filz und ohne „tote Haare".

- Milchziegen sollten ein gesundes, gut durchblutetes Euter haben (zumindest erwachsene Tiere, die schon mal gelammt haben). Jungfräuliche Lämmer erwerben Sie natürlich, ohne die spätere Euterform zu erkennen, aber bitte achten Sie auch bei Jungtieren darauf, ob zwei gesunde Zitzen vorhanden sind. Lassen Sie sich das Euter der Mutter zeigen: Schwaches Bindegewebe ist durchaus auch erblich, und wenn die Mutter schon ein schlechtes Euter hat, steigt die Wahrscheinlichkeit, dass auch die Tochter nicht das schönste Euter bekommt, enorm.
- Achten Sie auf ein korrektes Fundament: Die Ziege sollte gerade und gut auf den Füßen stehen, nicht durchtrittig, x-beinig oder o-beinig.
- Eine gesunde Ziege hat feste und gepflegte Klauen. Achten Sie auch auf den Bereich zwischen den Klauen, er sollte nicht riechen oder schmierig sein.
- Die Schleimhäute im Maul sollten rosig sein und keinesfalls blass.

Das Alter Ihrer Tiere erkennen Sie natürlich am Gesamtbild, zuverlässiger lässt es sich aber anhand der Zähne bestimmen. Genau wie Schafe haben auch Ziegen nur im Unterkiefer Zähne. Und genau wie bei ihren Wolle tragenden Kollegen brechen mit etwa vier Wochen alle Milchschneidezähne durch. Mit neun Monaten sind die insgesamt acht Schneidezähne voll entwickelt. Mit zwölf Monaten zeigen sich schon erste Abnutzungen dank des starken Gebrauchs, und die Ziege wechselt nun von innen nach außen die Milchschneidezähne gegen die breiteren, bleibenden Schneidezähne. Grob lässt sich sagen: Mit 1,5 Jahren hat die Ziege die innersten beiden Zähne gewechselt, mit ca. zwei Jahren die innersten vier Zähne, mit drei Jahren sechs Zähne, und bei einer Ziege jenseits des vierten Lebensjahres können wir davon ausgehen, dass alle Zähne gewechselt sind und können diese dann leider zu keiner konkreten Altersbestimmung mehr heranziehen.

DIE LEBENSERWARTUNG

Ziegen sind durchaus imstande, ein wahrhaft biblisches Alter zu erreichen. Die ältesten mir bekannten Exemplare waren 20 und 22 Jahre alt. Dies setzt natürlich eine gute Pflege und optimale Fütterung voraus, und ganz sicher müssen auch die Gene mitspielen. Die „Durchschnittsziege" wird ein Alter von maximal 15 Jahren nicht überschreiten. Dies ist auch stark abhängig davon, wie sie „genutzt" wurde. Jede Geburt und vor allem jede Laktationsphase wird an der Substanz der Ziege zehren. In großen Herden wird das alternde Einzeltier nicht die Chance und die Zeit haben, sich noch genügend gutes Futter zu sichern. Die Chancen auf ein hohes Alter haben daher meist die Liebhabertiere, deren wirtschaftlicher Nutzen zweitrangig ist.

Ziegen sind bis ins hohe Alter liebenswürdige Persönlichkeiten, und wenn Sie die Möglichkeit haben, so gewähren Sie Ihren älteren Herdenmitgliedern die Chance auf ein hohes Alter. Und seien Sie dem Tier gegenüber so gnädig und beenden Sie sein Leben, ehe es zu leiden hat. Bereits mit sechs Lebensjahren wird die Leistung jeder Ziege nachlassen. Spätestens dann sollten Sie entscheiden, ob Sie dem Tier einen „Gnadenplatz" zugestehen können, für Ihr Tier einen Platz in einer „Rentnerherde" finden oder – wie den meisten Nutztieren – ein würdevolles Ende zukommen lassen wollen. Letzteres wird sicher in der Hobbyhaltung kaum infrage kommen, sollte aber auch erwähnt sein und bedacht werden.

DER EINZUG INS NEUE HEIM

Gerade dieses Kapitel liegt mir besonders am Herzen. Unzählige Neuziegenhalter haben mir in den letzten Jahren ihr Leid geklagt und von wahrhaft traumatischen Ereignissen berichtet. Um Ihnen diese Erfahrung zu ersparen, möchte ich besonders auf den Einzug Ihrer Ziegen eingehen.

Am Anfang steht der Transport vom Züchter zum neuen Zuhause. Mitunter ist es ja so, dass Sie Ihre Ziegen nicht gerade in der unmittelbaren Nachbarschaft fanden. Nun gilt es zunächst die Bürokratie zu beachten. Für einen Transport von kleinen Wiederkäuern, zu diesen zählen Schafe und Ziegen, brauchen Sie ab einem weiteren Transport als 60 km von Ihrem Wohnort aus eine sogenannte Viehtransportgenehmigung. Informieren Sie sich bei Ihrem zuständigen Veterinäramt, wo Sie diese Genehmigung einholen können. Bei dieser Gelegenheit melden Sie bitte auch gleich Ihre zukünftige Ziegenhaltung beim Veterinäramt an. Sollten Sie sich sicher sein, niemals wieder einen solchen Transport vornehmen zu wollen, dann fragen Sie am besten einen Freund oder Bekannten mit Transportgenehmigung, ob er Ihnen die Tiere nach Hause bringt.

Bei der Wahl des Anhängers, in dem Ihre Tiere reisen sollen, gilt es neben den Ausmaßen und der Einstreu die Anforderungen des Tierschutzgesetzes zu beachten, die auf die besonderen Fähigkeiten und Eigenheiten von Ziegen eingehen. Ihr Anhänger sollte im Idealfall im Inneren über eine Trennwand verfügen und vor allem sollte er zwar genügend frische Luft zulassen, gleichzeitig aber unbedingt stabil verschlossen sein. Ideal wäre ein Pferdetransporter mit einem sogenannten Fohlengitter. Noch besser ist ein eigens zum Transport von kleinen Wiederkäuern konzipierter Viehanhänger.

Auf jeden Fall müssen Sie die Frischluftzufuhr sicherstellen, aber keinesfalls über allzu große, offene Fenster. Man mag es nicht

Das Pfauenziegen-Kitz ist noch zu jung für einen Umzug.

glauben, aber Ziegen in Panik sind an Sprungkraft nicht zu toppen, und Sie wären nicht der Erste, der mit fünf Ziegen losfährt und mit nur dreien zu Hause ankommt.
Es ist kaum vorstellbar, aber nervöse Ziegen springen ganz leicht aus einem Hänger, wenn sie nur den Hauch einer Chance dazu sehen. Und nervös werden Ihre Tiere ganz sicher sein, wenn sie – ihrer gewohnten Umgebung entrissen – auf eine unbekannte Reise gehen.
Denn eines ist sicher: Bei aller Neugier ist die Ziege doch auch in erster Linie ein vorsichtiges Tier. Sie schätzt ihr gewohntes Territorium, ihre Kollegen und ihren Pfleger und eben die damit einhergehende Ge-

Ziegen sind sehr anhänglich und schmusen gern.

wohnheit. Was Ziegen gar nicht mögen, ist, wenn ihr Weltbild verändert wird. Dies soll bitte nur dann geschehen, wenn sie selbst darüber bestimmen können, also sich selbst ihren Lebensraum neu gestalten können.

Nun haben Sie sich aus einer Herde mit bestehender Struktur einige Tiere ausgesucht und wollen diesen nun ein neues Reich bei Ihnen zu Hause offerieren. Erwarten Sie keine Dankbarkeit!

Wenn Sie die Fahrt im Anhänger geschafft haben, sollten Sie auf Nummer sicher gehen. Es empfiehlt sich sehr, die Neuankömmlinge zunächst extrem sicher einzuzäunen. Also noch sicherer, als dies eh schon der Plan war. Bestenfalls stellen Sie die Tiere zunächst eine Nacht in einen Stall, damit sie sich beruhigen können und sich langsam mit allen neuen Eindrücken vertraut machen können. Mit leckerem Futter können Sie sich bei den Tieren beliebt machen und zu ihrer Beruhigung beitragen.

Geben Sie Ihren Neuankömmlingen vor allem viel Zeit, sich einzuleben. Allzu oft habe ich es erlebt, dass die neu erworbenen Ziegen, die beim Züchter noch durch souveräne Zauntreue und völlige Gelassenheit auffielen, im neuen Heim in blinder Panik und völliger Hysterie über alle Barrikaden gingen. Bevor Sie also nach besagter Eingewöhnungsnacht die Tür zur Weide öffnen, vergewissern Sie sich, dass der Weidezaun auch überall stabil steht und nehmen Sie sich etwas Zeit, um Ihre Tiere beim Erkunden des neuen Reiches zu beobachten.

Das liest sich jetzt alles hochdramatisch, ist es aber nicht. Aber Ziegen zeigen sich bei Ankunft im neuen Reich meist weitaus nervöser als Schafe oder andere Nutztiere. Dessen muss man sich eben bewusst sein. In der Regel legt sich die Nervosität schon nach einigen Stunden und die neugierige Ziege beginnt voller Euphorie, ihr neues Domizil zu erkunden. Vor allem alle Bäume und Klettermöglichkeiten werden schnell ihr Interesse wecken. Während beispielsweise Schafe meist als Erstes die Schmackhaftigkeit des neuen Weidebewuchses testen werden, sind die Ziegen weitaus mehr daran interessiert, ihr Terrain und seine Einrichtung auf Belastbarkeit zu testen. Und erst nach

ausgiebiger Inspektion aller Einrichtungsgegenstände und der Einzäunung wird auch die Ziege damit beginnen, am Gras zu rupfen.
Außerdem wird Ihre neue Herde noch die Rangordnung festlegen. Mit Sicherheit wird es zu kleineren Rangeleien kommen und mit Sicherheit wird die Findung der Rangordnung mehr Zeit in Anspruch nehmen als die Inspektion des neuen Heimes. Erschrecken Sie nicht, wenn es auch mal etwas rabiater zugeht. Wenn Sie eine Gruppe aus gleichaltrigen Tieren haben, wird es etwas länger dauern, bis neue Hierarchien etabliert sind. Wenn Sie ein neues Tier in eine bestehende Gruppe geben, wird es mit Sicherheit noch mehr Zank geben und der Neuankömmling wird viel einstecken müssen. Sollten Sie das Glück haben, ältere und jüngere Tiere zu erwerben, wird es vermutlich sehr schnell gehen, bis neue Strukturen ausgebildet sind. Am allerschnellsten und friedvollsten wird es gehen, wenn Sie das Glück und die Chance hatten, miteinander verwandte Tiere zu erwerben, also quasi eine kleine Familie. Dies wird aber selten der Fall sein. So oder so, Sie brauchen etwas Geduld und ein wenig Verständnis für Ihre Schützlinge. Mit der Zeit werden sich alle beruhigen.

Diese Geschwister haben eine enge Bindung zueinander.

UNTERBRINGUNG, PFLEGE UND FÜTTERUNG

DIE ZIEGENWEIDE

Sie muss gut geplant sein und ihr gilt höchstes Interesse. Rein theoretisch rechnet man für zehn Tiere mit einer Weidegröße von einem Hektar. Dies ist aber gerade bei der Ziegenhaltung wirklich nur als Richtwert zu verstehen. Viel wichtiger ist die Beschaffenheit der Weide, der Aufwuchs auf derselben und die Umzäunung. Auf all dies möchte ich im Folgenden kurz eingehen.

Hohes, saftiges Gras ist toll …

DAS GRAS

Tatsächlich ist dieses trotz aller Vorlieben der Ziegen nun mal in der Vegetationszeit das Hauptnahrungsmittel der Tiere. Allerdings legt die Ziege ein ganz anderes Fressverhalten an den Tag als das Schaf. Letzteres schätzt kurzes und frisches Grün, die Ziege ernährt sich sehr selektiv und bevorzugt eher gröberes Futter. Natürlich kann auch eine Ziege dem Reiz von saftigem Gras nicht wiederstehen, wird dessen aber schnell überdrüssig und beginnt dann damit, die Weide selektiv nach für ihr Empfinden schmackhaften Stängeln und Blättern, Blüten und grobem Aufwuchs abzusuchen. Daher muss man leider auf der Ziegenweide damit rechnen, dass diese nicht sauber abgefressen wird und es zu Futterverlusten von bis zu 20 % kommt. Ziegen werden jeden Busch, jeden Baum und alle Blätter und Zweige immer dem Gras vorziehen. Da sie Wiederkäuer sind, können sie aus diesen rohfaserreichen Pflanzenteilen alle wichtigen Nährstoffe ziehen. Dies gelingt mithilfe der Mikroorganismen im Pansen, worauf ich später näher eingehe (Seite 54).

… aber Blätter und Äste sind viel leckerer!

Wichtig an dieser Stelle: Je vielseitiger der Aufwuchs auf der Ziegenweide, umso besser. Je mehr unterschiedliche Pflanzen sich auf der Weide finden lassen, umso zufriedener werden Ihre Ziegen mit dem Nahrungsangebot sein. Und Sie sollten Ihren Tieren auch in der Vegetationszeit immer etwa gutes Heu anbieten. Dieses trägt sehr zur Erhöhung des Rohfaseranteils in der Nahrung bei.

BÄUME UND STRÄUCHER

Ein Baum auf der Weide schafft Struktur und sorgt im Sommer für Schutz bei großer Hitze. Allerdings sollten Sie darauf achten, dass weder der Baum selbst noch seine Früchte für Ziegen giftig sind. Im Internet werden Sie viele Seiten finden, die sich mit Giftpflanzen für Nutztiere beschäftigen. Auch kann es sein, dass die Früchte eines Baumes an sich zwar völlig harmlos sind und sogar wohlschmeckend und bekömmlich sein können, in Massen genossen aber doch für Verdauungsprobleme sorgen. Ich denke hier vor allem an Apfelbäume und Birnbäume, deren Früchte im Herbst zu Boden fallen und dort dann von den Tieren in Massen aufgenommen werden.

Grundsätzlich werden Ihre Ziegen sehr dankbar für Bäume auf der Weide sein, bedenken Sie aber bitte, welche Bäume Sie dort stehen haben wollen. Das meiste Steinobst, wie z. B. Pflaumen, ist für die Ziegenweide ungeeignet. Die allermeisten Sträucher hingegen, die natürlich in unseren Gefilden wachsen, sind nicht giftig. Und Ziegen lieben alle Sträucher. Sie nut-

Ein solches fahrbares Wasserfass macht die Trinkwasserversorgung leicht.

zen eine Hecke auf die unterschiedlichste Art und Weise: Alles Strauchwerk wird zunächst auf Schmackhaftigkeit getestet, dann kann man sich mit den Ästen prima zwischen den Hörnern kratzen und außerdem macht es noch unbändige Freude, den Strauch langsam, aber sicher zu zerstören. Ja, Bäume und Sträucher üben auf Ziegen eine geradezu magische Anziehungskraft aus. Wenn Ihnen also an dem Erhalt von Bäumen und Sträuchern auf der Weide etwas gelegen ist, so müssen Sie diese unbedingt mit stabilen Einzäunungen vor den Tieren schützen. Leider neigen Ziegen auch dazu, die Rinde von Baumstämmen zu schälen; schützen Sie die Bäume also mit entsprechenden Maßnahmen.

WASSERSTELLEN

Ein Bach, ein kleiner Tümpel oder auch ein See können auf der Weide nicht nur wunderschön aussehen, sondern auch von praktischem Nutzen sein. Ziegen werden im Sommer, solange sie frisches Grün aufnehmen können, nicht viel Wasser trinken. Die tatsächliche Menge und der Bedarf richten sich extrem nach dem Feuchtigkeitsgehalt des aufgenommenen Grünfutters und nach äußeren Einflüssen wie Hitze und dergleichen. Ein Bach auf der Weide ermöglicht es den Tieren, immer freien Zugang zu frischem Wasser zu haben, und auch das Pflanzenwachstum wird in der Nähe eines Gewässers gerade in heißen Sommern wohl besser sein.

Frisches, sauberes Wasser ist wichtig.

Leider birgt das Vorhandensein natürlicher Wasserstellen auch nicht zu unterschätzende Gefahren. Als Erstes sei erwähnt, dass vor allem die Gefahr von Lungenwürmern mit dem freien Zugang zu Gewässern erheblich ansteigt. Das liegt daran, dass der Lungenwurm für seine Reifung Schlammschnecken als Zwischenwirt benötigt. Jene wiederum benötigen langsam fließende oder stehende Gewässer. Der Schnecke ist es egal, ob sie auf einer Ziegenweide diesen Lebensraum findet oder nicht, und auch der Larve des Lungenwurms ist es einerlei, wo sie ihre Schnecke findet. Wird aber eine kleine Schnecke beim Grasrupfen von einer Ihrer Ziegen aufgenommen, nimmt das Schicksal seinen Lauf.

Eine weitere Gefahr – vor allem für die sehr neugierigen Zicklein – stellt schlicht die Möglichkeit des Ertrinkens dar. Wie schon erwähnt, kennt die Neugier der Ziege keine Grenzen, und vor allem junge Ziegen sind beim Erkunden ihrer Umgebung noch nicht so versiert wie alte. Fällt ein Zicklein beim Spielen am Seeufer ins Wasser oder stürzt es in den Bach, so kann es wirklich dazu kommen, dass es ertrinkt. Auch wenn man sich als Mensch nicht vorstellen kann, was an diesem flachen Teich so gefährlich sein soll, so muss man als Ziegenhalter eben stets dazu bereit sein, sich ein wenig in den von Neugier und Übermut beherrschten Kopf einer jungen Ziege zu versetzen. Ein bisschen übertriebene Vorsicht schadet bei der Ziegenhaltung also nicht.

Als Letztes sei erwähnt, das stehende Gewässer ohnehin selten wirklich frisches Wasser enthalten. Gerade im Sommer können Tümpel und Teiche und langsam fließende Bäche ein idealer Lebensraum für diverse Bakterien und Pilze sein.

Von daher sollte man vielleicht von vornherein das Trinkwasser lieber in einem passenden Behälter – etwa einem Wasserfass mit Selbsttränke – zur Verfügung stellen, so wie es auch von Pferdehaltern praktiziert wird. Der geschickte Handwerker kann einen alten IBC-Tank auf einem alten Anhänger anbringen und ist mit diesem Gefährt für die Hobbyhaltung einiger Ziegen bestens gerüstet.

Ein Zaun ohne Strom hält in der Regel den neugierigen Ziegen nicht lange stand.

Stromnetze hingegen haben sich für die Umzäunung der Ziegenweide bewährt.

WEIDEPFLEGE

Nur eine gepflegte Weide kann genügend nahrhaften Aufwuchs für Ihre Tiere liefern. Als Erstes ist es sehr wichtig, die Tiere nicht zu lange auf einer Fläche zu halten, sondern nach Möglichkeit die Weide so aufzuteilen, dass Sie die Tiere wechselweise auf abgetrennten Parzellen weiden lassen können. Eine zu starke Beweidung schadet nicht nur dem Aufwuchs, sondern fördert vor allem den Endoparasiten-Druck, also die Verwurmung.

Da es extrem wenige Pflanzen gibt, die Ziegen nicht fressen, wird auf einer Ziegenweide selten eine Pflanze überhandnehmen, wie es oft bei Schaf- und Pferdeweiden zu sehen ist. Dennoch empfiehlt es sich, die Weide im Frühjahr abzuschleppen und nach dem Beweiden der Tiere ein- oder besser zweimal im Jahr zu mulchen. Alternativ kann einige Zeit vor der Beweidung gemäht werden, mit dem gleichen Effekt. Die Weide treibt gleichmäßig neu und saftig aus und alle Pflanzen in ihrer Vielfalt haben die gleichen optimalen Bedingungen zum Wachsen.

Sollte es Ihnen nicht möglich sein, der Weide längere Pausen zu geben, so sollten Sie die Weide im Hinblick auf den erwähnten Endoparasiten-Druck unbedingt nach dem Abfressen kalken. Das verringert den Parasitendruck erheblich.

Für genügend Strom auf der Litze sorgt ein Weidezaungerät mit starker Leistung.

DER ZAUN

Der Zaun der Ziegenweide! Ein Thema, dem allein man ein ganzes Buch widmen könnte. Wie oft erwähnt, sind Ziegen leider Meister im Überwinden von Umzäunungen. Und so manche angestrebte Ziegenhaltung scheiterte schon am Ausbruchswillen der Tiere.

Tatsächlich sind Ziegen unter den Nutztieren sicher jene, die den Sinn einer Umzäunung und die damit verbundene Einschränkung ihrer Freiheit am wenigsten verstehen und vor allem tolerieren können. Leider ist es nun aber so, dass wir unsere Tiere in den allermeisten Fällen nicht einfach so frei laufen lassen können und einfach ihre abendliche Rückkehr zum Melken abwarten.

Vielmehr gilt es die Weide so zu sichern, dass auch wirklich jeder Fluchtversuch zum Scheitern verurteilt ist. Und dies gelingt am besten mit Strom, und davon gerne viel und reichlich. Im Fachhandel gibt es unterschiedliche Weidezaungeräte und Sie sollten sich für eines entscheiden, das auch für die Haltung von Rindern empfohlen wird. Hier sollten Sie nicht am falschen Ende sparen. Ein Gerät, welches sich an eine 12-Volt-Autobatterie anschließen lässt, wird Ihnen ein gutes Hilfsmittel in der Ziegenhaltung sein.

Beim Zaun gibt es mehrere Möglichkeiten.

Als Erstes, Einfachstes und Praktischstes sei die Umzäunung mit sogenannten Elektronetzen empfohlen. Ich selbst habe damit wirklich die allerbesten Erfolge erzielt. Gerade wenn man mehrere Wiesen abweiden lassen möchte, oder zur Unterteilung der Standweide, ist diese Methode optimal. Auch hier finden Sie ein reiches Angebot im Fachhandel. Wählen Sie unbedingt ein Netz mit mindesten einem Meter Höhe, denn Ziegen können weitaus besser springen als Schafe. Wichtig ist, dass Sie die Elektronetze mit Hilfe von Eckpfosten stabil und stramm spannen. Ein durchhängendes Netz verleitet geradezu zum Überspringen. Eine weitere Methode, die sich gerade im unwegsamen Gelände bestens bewährt hat, ist das Einzäunen mit mehreren übereinandergespannten Litzen, die an Plastikpfosten befestigt werden. In der Regel zwischen drei und fünf Litzen übereinander, ganz wie man möchte. Achten Sie gerade bei Ziegen besonders darauf, dass alle Litzen gleichmäßig Strom führen. Die untere darf nicht zu weit vom Boden weg sein, die obere nicht zu tief sein. In dieser Weise lassen sich besonders gut Hänge oder verbuschte Flächen einzäunen. Die Anschaffungskosten sind vielleicht etwas höher, aber man kommt bei gut erzogenen Ziegen mit drei Litzen übereinander sehr gut aus und kann oft auch eine größere Fläche umzäunen.
Ein fester Zaun aus Knotengeflecht ist meist eine Lösung von nicht allzu langer Dauer. Klarer Vorteil ist natürlich, dass man nur einmal Arbeit mit dem Zaunbau hat und dann eigentlich immer eine Weide zur Verfügung hat. Großer Nachteil: Die Ziegen werden bald damit beginnen, den Zaun auf Standfestigkeit zu überprüfen, sie werden am Zaun emporsteigen, ihn mit ihrem Gewicht herunterdrücken oder versuchen, ihn unten anzuheben und darunter durchzuschlüpfen. All das verhindern Sie, indem Sie *vor* dem Festzaun am unteren Ende eine Litze spannen und diese kräftig unter Strom setzen. Mit dieser Methode hätten Sie einen Zaun geschaffen, der sowohl sicher und mit nicht so viel wiederkehrender Arbeit verbunden ist. Leider darf man nicht in allen Gemeinden seine Wiese mit Knotengitter umzäunen, hier gibt es mitunter Auflagen des Naturschutzes oder Ähnliches. Informieren Sie sich bitte bei Ihrer Gemeinde oder bei einem Landwirt vor Ort.

Denken Sie beim Zaunbau für Ihre Ziegen einmal mehr so, wie Ihre Tiere es tun würden. Die meisten Ziegenhaltungen sind wirklich am Zaun gescheitert, und das müsste gar nicht sein. Sorgen Sie für genü-

ZIEGEN SIND FEINSCHMECKER

Eine alte Schäferregel lautet: „Der beste Zaun ist gutes Futter!" Daran ist gewiss auch in der Ziegenhaltung viel Wahres dran. Allerdings ist es so, dass Ziegen echte Feinschmecker sind und sich nur allzu gerne verwöhnen lassen. Es kann passieren, dass Sie die Weide zu früh wechseln und die Tiere so nach und nach verwöhnen. Schnell werden Ihre Ziegen merken, dass anhaltendes Wehklagen und konsequenter Hungerstreik unweigerlich zu neuem Grün und neuen Weiden führen. Versuchen Sie, den Spagat zwischen sauberem Abfressen der Weide und zu frühem Umstellen der Tiere zu finden. Ein optimaler Zaun hilft ihnen dabei, Ihre Tiere davon zu überzeugen, auch noch die weniger zarten und weniger schmackhaften Pflanzen aufzufressen und sich nicht nur von zarten, frischen Blättern und Halmen zu ernähren.

Blätter, Äste und grobes Gras stehen bei allen Ziegen hoch im Kurs.

Der Unterstand schützt vor Regen und Wind

gend Strom am Rand und für genügend Futter im Inneren der Weide, dann bleibt Ihnen der Ärger mit ausbrechenden Ziegen sicher erspart. Ziegen sind auch in dieser Beziehung bei Weitem nicht so schlecht wie ihr Ruf.

WEIDEUNTERSTÄNDE

Wie schon erwähnt, hassen Ziegen Wasser von oben und von unten. Daher sollten sie auf der Weide unbedingt eine Schutzmöglichkeit vor allen Unbilden der Natur finden. Blattreiche alte Bäume können sowohl Schatten spenden wie auch vor Regen schützen. Aber diese haben auf der Ziegenweide meist nur eine begrenzte Überlebenschance, wenn sie nicht schon sehr lange vor den Ziegen da waren und über eine immens dicke Rinde verfügen. Besser und meist doch auch einfacher sind sogenannte „fahrbare Weide-

Während die Schafe unten Schatten finden, bewohnen die Ziegen natürlich die obere Etage.

unterstände". Man kann sie mit etwas handwerklichem Geschick sehr schnell selber bauen. Aus alten Anhängern und diversen Blechen lassen sich oft schon sehr effektive und nützliche Unterstände konstruieren. Diese können Sie beim Weidewechsel mit dem Auto oder dem Trecker nachziehen und so Ihren Tieren auf jeder Weide Wetterschutz bieten. Der Fantasie beim Eigenbau sind keine Grenzen gesetzt. Und den Tieren ist auch meist die Optik egal; achten Sie nur darauf, dass sich die Ziegen nicht verletzen können.

Wie erwähnt, führt die Neugier der Ziege sie oft in missliche Situationen. Daher sollte auch der Unterstand so gebaut sein, dass kein Tier irgendwo hängen bleiben oder sich anderweitig verletzen kann. Der Sommer lässt sich mit so einem mobilen Unterstand wunderbar aushalten.

DER ZIEGENSTALL

Für den Winter brauchen Sie einen soliden Stall. Und diesem sollte man ein wenig mehr Aufmerksamkeit schenken, vor allem im Aufbau. Es gibt mehrere Varianten eines Ziegenstalls, meist abhängig von der Art und Weise, wie Sie Ihre Tiere „nutzen" wollen, und vor allem von der Anzahl der gehaltenen Tiere. Für kleine Betriebe mit wenigen Tieren, also reine Hobbyhaltung, wäre die optimale Lösung ein sogenannter Offenstall. Ein Stall auf einer Weide, von drei Seiten sicher und zugdicht geschlossen und an der Frontseite vielleicht ganz offen oder mit einer Tür versehen. In diesem Stall können sich die Ziegen im Winter aufwärmen, sich aber trotzdem aus dem Weg gehen und die Frischluft auf der Weide genießen. Ganz wichtig: Der Stall muss groß genug und vor allem so konzipiert sein, dass auch die rangniederen Tiere nicht ausgesperrt bleiben und Zugang zum Inneren erhalten. Dass schafft man z. B. durch zwei getrennte Türen an der Frontseite oder durch eine gute Strukturierung im Stall. Bringen Sie im Inneren Sichtschutzwände an sowie Erhöhungen an den Seiten. Liegeplätze, in unterschiedlicher Höhe an der Wand angebracht, erlauben es den ranghören Tieren, weit oben zu liegen, und den rangniederen, sich weiter unten zu betten. Den Tieren ist es dadurch viel leichter möglich, ihren arttypischen Individualabstand einzuhalten und sich aus dem Weg zu gehen. Reibereien sinken erheblich, je strukturierter der Ziegenstall konzipiert ist.

Besonders wichtig ist diese Strukturierung für die zweite Variante des Winterrefugiums. Es ist ja leider nicht immer gegeben, direkt am Stall auch die Weide zu haben, sodass eine komplette Aufstallung der Tiere über die kalte Jahreszeit nötig ist. Auch hier ist in erster Linie die Größe des Stalles so zu bemessen, dass alle Tiere genügend Platz haben. Als Richtwert gelten 15 m^2 Grundfläche für zehn Ziegen. Das ist aber wirklich nur ein grober Richtwert. Wie schon erwähnt, hängt die Zufriedenheit Ihrer Tiere im Stall von der Struktur des-

Eine optimale Raufutteraufnahme durch gut konstruierte Fressgitter

selben ab. Lassen Sie Ihrer Fantasie unbedingt freien Lauf, schaffen Sie Aufstiegsmöglichkeiten an der Wand und Sichtschutz im Kern des Stalles. Sorgen Sie dafür, dass alles stabil genug ist und kein Tier zu Schaden kommen kann. Dem Bock sollten Sie eine Extra-Box zugestehen und eine weitere Box für ein ggf. erkranktes Tier oder als Lammbox für Mutter und Kind.

Außerdem sollte der Stall praktisch konzipiert sein: Alle Raufen werden so angebracht, dass alle Tiere genügend Raum zum Fressen finden. Das Trinkwasser sollte an einer Stelle stehen, die relativ viel Sicherheit vor Verschmutzung bietet und dennoch von allen Tieren gleichermaßen gut erreicht werden kann. Als besonders hilfreich haben sich sogenannte Fressgitter erwiesen. In diese führen die Ziegen beim Fressen ihre Köpfe ein und durch die nach unten enger werdende Form der Gitter kann Futterneid weitestgehend vermieden werden. Außerdem wird der Raufutterverlust minimiert. Die Tiere stehen ruhiger beim Fressen und auch rangniedere Tiere können sich bei der Nahrungsaufnahme etwas mehr Zeit lassen.

In großen Ziegenbetrieben ist die Stallvariante mit Fressgitter hin zu einer Stallgasse meist die Regel. Die Stallgasse kann als Futtertisch verwandt werden und das Futter wird somit für alle Tiere leicht zugänglich. Auch hier hilft Struktur im Stall, Streitereien zu vermeiden. Allerdings wirkt die meist größere Anzahl der Tiere schon günstig für das Einzeltier: Die Herdenstruktur bleibt hier viel besser erhalten und die Tiere haben aufgrund des meist größeren Platzangebotes mehr Möglichkeiten, sich aus dem Weg zu gehen. Große Betriebe haben zudem meist ein genaues Timing, wann gemolken und wann gefüttert wird, sodass ein sehr geregelter Tagesablauf den Tieren dabei hilft, nicht auf dumme Gedanken zu kommen.

So oder so, sorgen Sie vor allem dafür, dass Ihre Tiere sich im Winter im Stall nicht langweilen. Wenn Sie die Möglichkeit haben, besorgen Sie Tannenreiser oder andere Äste und hängen Sie diese immer mal wieder in den Stall. Ihre Tiere werden eine große Freude an der Zerstörung der Äste und der Aufnahme der Tannine haben. Alle unsere Weihnachtsbäume haben auf diese Weise – natürlich komplett abgeschmückt – ihr Ende gefunden und unsere Ziegen haben an den Weihnachtsbäumen immer die allergrößte Freude.

Ungünstigerweise neigen Ziegen vor allem im Stall dazu, ihre Divenhaftigkeit auszu-

Eine Heuraufe Marke Eigenbau – schön und effektiv

spielen und ihre Stellung in der Herde unbedingt verteidigen zu müssen. Für die rangniederen Tiere kann dies dauerhaften Stress bedeuten. Dies unterbinden Sie durch die erwähnte Strukturierung des Stalls und das Schaffen von Flucht- und Ausweichmöglichkeiten.
Eine Haltung in Einzelboxen würde ebenfalls funktionieren, ist aber erstens nicht artgerecht und zweitens sehr arbeitsintensiv. Reine Anbindehaltung, wie sie früher üblich war, halte ich für tierschutzrelevant und nicht tiergerecht.

EINSTREU

Als Einstreu im Ziegenstall hat sich Stroh bewährt; ob Hafer- oder Weizenstroh, ist letztlich egal. Ein Wechsel der Einstreu in regelmäßigen Abständen sorgt ein weiteres Mal für Abwechslung im Stall, und trockener bleibt dieser dann auch. Und das ist vorteilhaft, denn die Ziege mag es trocken – nicht nur auf der Weide, sondern auch im Stall. Staunässe sollte ebenso vermieden werden wie eine zu hohe Luftfeuchtigkeit. Das optimale Stallklima für die Ziege erreicht man sicher bei einer trockenen Kühle um die 10 °C und einer nicht zu hohen Luftfeuchte. Im Ziegenstall wird es sicher nicht nach Rosen duften, aber der Geruch von Ammoniak sollte nicht dominieren. Eine gleichmäßige Luftzirkulation ist wichtig, die erwärmte Raumluft muss ebenso nach draußen gelangen, wie frische Luft zuströmen kann. Achten Sie unbedingt darauf, dass kein Durchzug entsteht. Versuchen Sie bei der Konstruktion und Einrichtung des Stalls schon daran zu denken, wie Sie später den Stall am einfachsten ausmisten können. Wohl dem, der mit einem Frontlader den Mist entfernen kann.

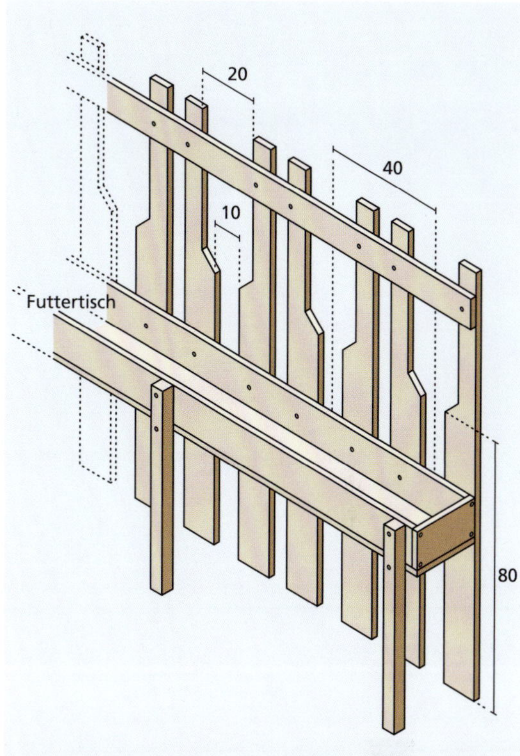

Schematische Darstellung eines Futtertisches mit Fressgitter

Aber auch das Ausmisten von Hand ist in der Regel zwar mühsam, aber machbar. Ziegenmist ist ein hervorragender Dünger, aber für den Fall, dass Sie ihn nicht selbst auf Ihren Flächen verteilen können oder wollen, sollten Sie nach einer guten Stelle zum Kompostieren Ausschau halten.
Sie sehen also: Die Stallplanung ist noch ein bisschen aufwendiger als die Weideplanung. Aber je besser geplant, umso unkomplizierter und ruhiger wird die Stallzeit.

RAUFEN UND FRESSGITTER

Beides ist zur Darreichung des Raufutters im Winter essentiell und in der Regel schnell und einfach selbst gebaut. Für mein

So „fixiert" gibt's kein Gerangel am Futtertisch.

Empfinden hat sich in der Ziegenhaltung ein Futtertisch mit sogenanntem Fressgitter gegenüber der klassischen Raufe durchgesetzt. Pro Tier rechnen Sie 50 cm Gitter- oder Raufenlänge. Für die Fressgitter sägen Sie quasi Trichter aus einer Bretterwand, die oben gern 35 cm breit sein dürfen und sich nach unten auf maximal 20 cm verjüngen. So fixiert, frisst die Ziege ruhig und kann nicht mal eben schnell die Nachbarin ärgern. Der Futtertisch mit Fressgitter sollte so gestellt sein, das die Ziege mit leicht nach unten gebogenem Kopf im Gitter fixiert ist und so Rau- und ggf. auch Kraftfutter aufnehmen kann.

Für die Raufe lassen Sie zwischen den einzelnen Streben immer maximal 6 cm Platz. Ein größerer Abstand zieht nur einen höheren Futterverlust nach sich, und die Gefahr, dass ein Tier sich ungünstig in der Raufe „einfädelt", steigt. Die Raufe sollte so angebracht sein, dass die Ziege bequem den Inhalt erreicht, also in der Regel je nach Rasse in 40–50 cm Höhe.

WASSER

Es ist schwierig, den Tagesbedarf an Trinkwasser exakt anzugeben, ist dieser doch wesentlich von Jahreszeit und Futterangebot sowie Luftfeuchtigkeit und Temperatur abhängig. Ganz entscheidend ist es auch, ob Ihre Ziege frisch gelammt hat und ob sie sich in der Laktation befindet. Gerade Hochleistungsmilchziegen haben einen höheren Wasserbedarf als die nicht laktierende Durchschnittsziege.

Im Frühling und Frühsommer werden Ihre Tiere bei normaler Fütterung und für den Fall, dass keine Höchstleistungen verlangt werden, den größten Teil der notwendigen Flüssigkeit mit frischem Gras abdecken und vielleicht deutlich weniger trinken als bei einer späteren Ernährung mit Heu oder sehr altem Gras. Genau wie Schafe können auch Ziegen ihren Wasserbedarf aus dem saftigen, jungen Gras stillen. Dennoch sollte auch dann immer frisches Wasser angeboten werden.

An sehr heißen Tagen, bei sehr hungrigen Lämmern, bei erhöhter Milchproduktion usw. steigt naturgemäß der Wasserbedarf Ihrer Tiere an. Ebenso bei der Fütterung von Heu und sehr trockenem Gras. Beobachten Sie sehr genau, wie viel Wasser Ihre Tiere aufnehmen, und stellen Sie sicher, dass ihnen genug Wasser zur Verfügung steht. Idealerweise reichen Sie das Trinkwasser in einem Kübel aus Metall oder

Plastik, in der Praxis haben sich Mörtelkübel aus dem Baumarkt bewährt. Sorgen Sie dafür, dass dieser Kübel nicht umkippen kann und versuchen Sie ebenfalls sicherzustellen, dass vorwitzige Ziegenkinder sich darin nicht das Leben nehmen können. Abermals erinnere ich gerne daran, dass Ziegen Spezialisten in suizidalen Eskapaden sind. Nichts ist unmöglich in der Ziegenhaltung.
Optimal und absolut ungefährlich wäre eine Selbsttränke, wie Sie sie im Fachhandel erwerben können. Diese, an einem transportablen Wasserfass angebracht, ermöglicht Ihnen, ein großes Wasservolumen aufzufahren und somit immer genug Wasser vor Ort zu haben. Und Ihre Tiere haben immer Zugang zu frischem Wasser, das sie kaum verunreinigen können. Solche Wasserfässer finden sich oft im Internet oder bei befreundeten Landwirten, die ihre Tierhaltung aufgeben. Man braucht etwas Glück, um an ein solches Prachtstück zu geraten, aber es erleichtert die Trinkwassergabe ungemein. Einzig der Spieltrieb der Ziegen wird durch eine Selbsttränke mächtig inspiriert. Ich habe schon Exemplare gehabt, die eine Riesenfreude daran hatten, mit der Selbsttränke zu spielen, und die dabei literweise Wasser verschwendet haben. Beobachten Sie Ihre Tiere genau: Sollten auch Ihre Exemplare dazu neigen, mit dem Wasser rumzuspielen, so hat sich leider die Selbsttränke erledigt.

Eine Tränke für Schafe leistet im Ziegenstall genauso gute Dienste.

ZIEGENFÜTTERUNG

DER VIELSEITIGE WIEDERKÄUERMAGEN

Wie Rinder und Schafe gehören auch die Ziegen zu den Wiederkäuern, das heißt, sie verfügen über ein mehrhöhliges Verdauungssystem, das selbst kärglichste Nahrung äußerst effektiv verwerten kann. Es besteht neben der Speiseröhre aus vier Mägen, dem Blätter-, Netz- und Labmagen, sowie dem größten, dem Pansen. Er ist der wichtigste, denn in ihm leben Mikroorganismen, mit deren Hilfe das rohfaserhaltige Futter, das zuvor mit der sehr beweglichen Oberlippe und den unteren Schneidezähnen abgezupft und zerkaut wurde, aufgeschlüsselt und zerkleinert wird. Dann wandert es über den Netzmagen und die Speiseröhre zurück ins Maul, wo das Wiederkäuen einsetzt. Der so zerkleinerte und eingespeichelte Nahrungsbrei gelangt nun über die Schlundrinne in der Speiseröhre direkt in den Blättermagen und weiter in den Labmagen, wo die eigentliche Verdauung einsetzt. Die zahlreichen Mikroorganismen aus dem Pansen werden hier ebenfalls verdaut und bilden so eine wichtige Eiweißquelle. Schließlich werden der Nahrung im Dünn- und Dickdarm endgültig die Nährstoffe entzogen und die Reste auf diesem Wege weiter abtransportiert und „entsorgt".

Der Pansen dient also als Kraftwerk der Ziege, ohne ihn und seine Bewohner läuft nichts. Letztere fühlen sich bei einem pH-Wert von 6,4–7,0 am wohlsten. Somit sollte es unser erstes Bestreben sein, es den kleinen Mitbewohnern im Pansen möglichst schön und behaglich zu machen. Eine rohfaserreiche Grundfütterung ist daher unerlässlich. Kommt es im Pansen zu einem „Klimawandel" und zu „Unstimmigkeiten", wird die Ziege ernstlich krank, Verdauungs-

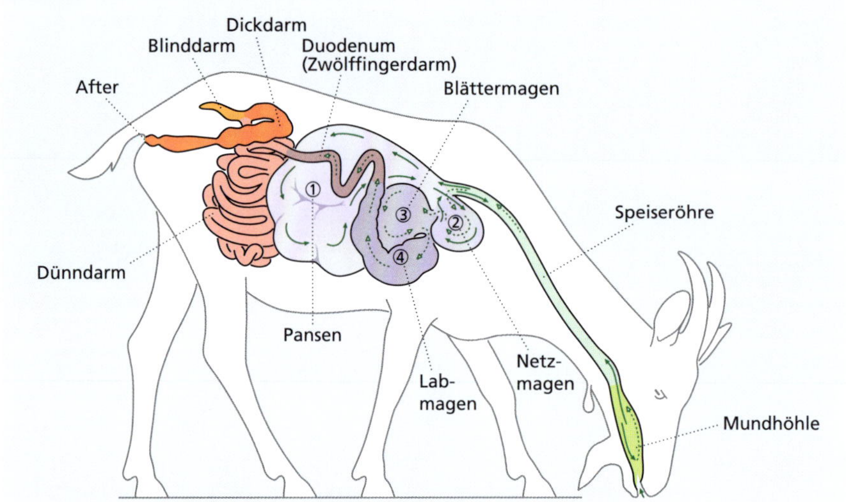

Schematische Darstellung des Verdauungsapparates

Frisches Grünfutter ist für Ziegen nahrhaft und wichtig.

probleme sind die Folge und schlimmstenfalls kann das Tier daran sterben.

GRÜNFUTTER

Im Frühjahr ist das Gras noch jung und verfügt meist über wenig bis kaum gröbere Bestandteile. Füttern Sie daher unbedingt etwas Heu zu, um den Rohfaserbedarf der Tiere zu decken. Ungeschickterweise neigen Ziegen dazu, bei üppigem Nahrungsangebot sehr wählerisch zu sein und wie im Märchen mal an jenem und mal diesem Blättlein zu zupfen – und natürlich nicht vom schnöden, aber doch so wichtigen Heu zu fressen. Sie können Ihren Ziegen helfen, indem Sie Äste von Laubbäumen und vor allem auch von Nadelbäumen reichen. Dünne Äste werden sehr gerne und im Ganzen aufgefressen und durch das aufgenommene Holz wird dem Pansen ebenfalls Rohfaser zugeführt. So bleibt das wichtige Pansenmilieu in der Regel erhalten.

Im Sommer wird das Gras zusehends „holziger“ und trockener, nun reicht meist die normale Nahrung auf der Wiese aus, um alle Bedürfnisse zu befriedigen. Anders als Schafe fressen Ziegen nun lieber langstieliges Gras, abgeblühte Stängel und vor allem grobes Blattwerk. Überhaupt lieben es Ziegen, eine Pflanze immer von der Spitze nach unten abzunagen. Schafe fressen dagegen mehr am Grund. Von daher ergänzen sich die kleinen Wiederkäuer auf der Weide optimal, doch dazu im Folgenden mehr.

Im Wesentlichen werden Sie Ihre Ziege am glücklichsten machen mit allem, was Blätter hat. Äste von Bäumen und Büschen, Zweige in jeder Form oder eben grobblättrige Pflanzen werden sicher auch von Ihren Ziegen bevorzugt. Es ist sehenswert, mit welcher Hingabe sich Ziegen über Sträucher und Büsche hermachen und mit welchem Wohlgenuss sie deren Zweige verspeisen. Gönnen Sie Ihren Tieren diese Abwechslung auf dem Speiseplan unbedingt. Neben der Nahrung kommt bei der Aufnahme derselben dann auch das Bedürfnis nach Bewegung und Spiel nicht zu kurz. Und es kommt dann auch keine Langeweile auf.

RAUFUTTER

Neben Ästen in jeder Form, die Sie natürlich auch über den Winter reichen können, wird wohl Heu das Hauptfutter im Winter und die Ergänzung im Frühjahr sein. Wichtig ist, das Sie Heu von guter Qualität füttern. Prüfen Sie es regelmäßig: Gutes Heu riecht nicht faulig oder muffig, sondern duftet nach Kräutern und riecht frisch. Es hat eine mattgrüne Farbe und keinesfalls gelbe Stellen oder schimmelige Teile.

Heu ist der wichtigste Teil der Fütterung im Winter. Es ist entscheidend, wann es gemäht wurde und wie es gewonnen wurde. Gutes Heu ist nach dem Schnitt zwei bis drei Tage in voller Sonne getrocknet und ist sicher nicht mehr nass geworden. Bestenfalls wurde vor der Blüte gemäht, also bevor das Gras seine Samen abgestoßen hat, dann ist der Eiweißgehalt am höchsten und somit auch der Energiegehalt.

Bei der Heuernte ist der Landwirt im Wesentlichen vom Wetter abhängig, und es erfordert viel Gespür für das Wetter. Ich hatte großes Glück, mich dabei immer auf die Vorahnungen meines Vaters verlassen zu können; ich kenne keinen Meteorologen, der „Heuwetter“ sicherer und präziser vorhersagen konnte als mein Vater. Wenn Sie also Ihr Heu selbst ernten wollen, halten Sie sich nicht an die Wettervorhersage im Fernsehen, sondern suchen Sie sich einen alten Bauern und fragen Sie ihn nach dem besten Zeitpunkt. Nichts ist so ärgerlich wie Regen, der ins Heu fällt. Mit jedem Niederschlag gehen dem Heu wertvolle Nährstoffe verloren und meist wird es kein gutes Futter mehr, wenn es einmal hineingeregnet hat.

Wenn Sie Ihr Heu kaufen, achten Sie auf die Qualität und fragen Sie nach, wann gemäht wurde. Je niedriger der Eiweißgehalt, desto mehr müssen die Tiere fressen, um ihren Bedarf zu decken. Je schlechter die Qualität, desto weniger werden sie fressen wollen. So hängt eines am anderen, und am besten ist es eben, wenn Sie schmackhaftes, unberegnetes Heu mit hohem Eiweißgehalt füttern.

Strukturreiches Raufutter ist aber überlebenswichtig.

SILAGE

Sie ist eines der hochwertigsten und nährstoffreichsten Futtermittel. Silage wird gemäht und nicht vollständig getrocknet,

Kraftfutter sollte der jeweiligen Leistung der Ziegen angemessen sein.

sondern halb feucht luftdicht verpackt und somit haltbar gemacht. Silage liefert damit weitaus mehr Energie als Heu und kommt dem Grünfutter des Sommers näher. Gerade bei Milchziegen kann Silage ein wertvolles Futter sein, das schnell die benötigte Energie zuführt. Für die kleinbäuerliche Ziegenhaltung würde ich Silage nicht empfehlen, zu groß ist die Gefahr, dass ein Silageballen vor der Fütterung vergärt oder sich gefährliche Keime wie Listerien bilden. Diese führen bei der Ziege und beim Schaf zur gefährlichen Listeriose, eine Erkrankung, die meist tödlich endet.
Ganz wichtig ist also, dass die Silage sauber und gut gewonnen wurde und schnell verfüttert wird. Bei einer großen Zahl an Tieren mag das gelingen, bei einigen wenigen Tieren nicht.

KRAFTFUTTER

In der Regel wird die Ziege als Lebenskünstler unter kargsten Bedingungen weitestgehend ohne zusätzliches Kraftfutter auskommen. Besondere Lebensumstände machen aber die Gabe von Kraftfutter notwendig. Dies ist zumeist die Trächtigkeit, die Zeit nach der Geburt, die Laktation der Milchziege und ggf. das Alter.
Sie haben zwei Möglichkeiten: Entweder kaufen Sie ein speziell abgemischtes Fertigfutter im Handel, oder Sie mischen das Kraftfutter selbst. Es gibt Getreide mit hohem Eiweißgehalt, z. B. Hafer oder Gerste. Besonders energiereich sind alle Hülsenfrüchte, z. B. Erbsen. Luzerne ist ein gutes Kraftfutter und auch Soja darf in dieser Liga nicht fehlen.
Mischen Sie nach Bedarf, aber überfüttern

Salz- und Minerallecksteine dürfen im Stall und auf der Weide nicht fehlen.

Sie nicht. Eine ausgewogene Mischung aus Hafer, Mais, Luzerne und etwas Soja wird den Bedarf Ihrer Tiere vollkommen decken. Zum Ende der Trächtigkeit sollten Sie berücksichtigen, dass die Ziege nicht mehr so viel Nahrung aufnehmen kann, weil die Embryonen auf den Pansen drücken, daher sollte dann der Energiegehalt der Nahrung am höchsten sein.

Im Handel werden unzählige Futtermittel angeboten; wählen Sie mit Bedacht und überfüttern Sie nicht. In der Regel rechnet man für eine durchschnittlich schwere Ziege bei normalem Bedarf täglich 500 g Kraftfutter in passender Mischung. Mehr, wie erwähnt, zur Geburt und kurz danach, weniger Kraftfutter ganz sicher bei ganztägigem Weidegang im Sommer und normaler Laktation ohne Höchstleistung. Höchstleitung definiert sich durch gesteigerte Milchleistung, dies kann rassebedingt sein oder ergibt sich auch durch die Geburt von Drillingen. Wenn Leistung erwartet wird, muss zugefüttert werden. Käse produzierende Betriebe werden ohne Kraftfutter nicht auskommen. Eine Ziege mittleren Alters wird auch ohne Kraftfuttergabe keine Drillinge aufziehen, aber die Durchschnittsziege kommt mit ein wenig Unterstützung gut durch Winter und Geburt.

SAFTFUTTER

Dies sind Leckereien für Ihre Ziege, mit denen Sie durchaus den Speiseplan Ihrer Tiere aufwerten können. Klein geschnitten werden sowohl Äpfel als auch Möhren und Rüben gerne gefressen. Vorsicht bitte mit Steinobst wie Kirschen und Pflaumen! Die Kerne können – falls sie aufgebissen werden – Blausäure enthalten und freisetzen und im Ganzen geschluckt zu Verstopfung führen. Das Laub dieser Obstbäume ist natürlich ein Highlight für die Ziege.

MINERALIEN

Es ist unerlässlich, Ihren Tieren Mineralien zur Aufnahme zur Verfügung zu stellen, da diese in den allermeisten unserer Böden nicht mehr in dem Maße vorkommen, wie es Ihre Ziegen benötigen. Hierzu haben Sie verschiedene Möglichkeiten: Im Fachhandel finden Sie entweder Leckschalen oder sogenannte Mineralsteine. Mit Letzteren habe ich die besseren Erfahrungen gemacht, die Schalen werden meist schnell verunreinigt.

Die wichtigsten Mineralien, die Ihre Ziegen aufnehmen sollten, sind Salz (NaCl), Kalzium (Ca) und Phosphor (P), die letzten beiden sollten im Verhältnis 2,5 zu 1 vorliegen. Natürlich enthalten die Mineralsteine noch weitaus mehr Mineralien, die alle dem Wohlbefinden Ihrer Ziegen mehr als zuträglich sind. Einzig zu viel Kupfer sollten Sie meiden, das vertragen Ziegen langfristig ebenso schlecht wie Schafe. Außerdem müssen Sie darauf achten, dass der Leckstein auch Selen enthält, dieses Spurenelement ist extrem wichtig und fast gar nicht mehr natürlich aufzunehmen. Vor allem tragende und säugende Ziegen sollten damit bestens versorgt sein.

Der Platz, an dem der Mineralstein angebracht wird, sollte ebenfalls gut gewählt sein. Günstig wäre es, wenn er nicht dem Regen und somit der Auswaschung ausgesetzt ist. Vorteilhaft auch, wenn sie ihn aufhängen können und er nicht im Dreck liegt. Hierzu haben sich diverse Methoden bewährt. Ich habe gute Erfahrungen mit sogenannten Lecksteinhaltern aus dem Pferdeequipment gemacht. Diese am Unterstand angebracht, bieten meist optimale Bedingungen zur Mineralstoffaufnahme und halten meist auch dem Spieltrieb der Ziegen stand. Eine andere Methode ist es, einen Pfahl in die Erde zu rammen, darüber einen Eimer zu stülpen, an dessen Boden aus einem Loch der Pfahl austritt, und darauf den Stein zu legen. Klappt ebenfalls super und ist natürlich beim Weidewechsel leicht mitzunehmen. Das Aufhängen der Steine hat sich auch bewährt, allerdings rate ich zu wirklich dicken Tauen oder Ketten. Ich hatte immer etwas Angst, dass die Ziegen die Seile durchnagen und sich den Stein dann irgendwo hinschlagen.

GIFTPFLANZEN

Da Ziegen ja, von erwähnter Neugier getrieben, gerne an allen Pflanzen probieren, muss in diesem Buch unbedingt erwähnt werden, dass es Pflanzen gibt, die Ihren Ziegen schaden können, einige können sie sogar töten. In erster Linie seien da Eibe, Fingerhut, Ginster, Goldregen, Rhododendron, Herbstzeitlose, Jakobs-Kreuzkraut und Oleander erwähnt. Diese sind meist auch den weniger bewanderten Botanikern bekannt und sollten unbedingt von Ihren Ziegen ferngehalten werden. Bei diesen Pflanzen kann die Aufnahme kleinster Mengen schon zum Tode führen.

Eine Ausnahme macht das Jakobs-Kreuzkraut; diese Pflanze breitet sich immer mehr auf allen Wiesen aus und es ist ihr kaum beizukommen. Einzig vor der Blüte ausreißen und verbrennen kann helfen. Jakobs-Kreuzkraut tötet langsam, über Jahre, es lagert sich in den Nieren und der Leber der Tiere ab und vergiftet sie langsam. Deshalb sollte die Aufnahme von Jakobs-Kreuzkraut vermieden werden.

FÜTTERN MIT BEDACHT

Wichtig in der ganzen Fütterung ist: nicht übertreiben. Zu viel Kraftfutter kann Ihre Ziege umbringen, eine zu schnelle Futterumstellung wird mit Sicherheit mindestens Durchfall, wenn nicht Schlimmeres zur Folge haben. Zu viel Obst kann ebenfalls zu Verdauungsstörungen führen, darüber sollten Sie sich vor allem im Herbst Gedanken machen, wenn das Fallobst die Weiden überschüttet. Ziegen sind darauf ausgerichtet, aus kärgster Kost den größten Gewinn zu erwirtschaften, eine zu saftige und „fette" Fütterung kann also nicht artgerecht sein. Vermeiden Sie Futterwechsel so gut es geht, und achten Sie stets auf eine genügende Raufuttergabe. Es ist weitaus einfacher, Fütterungsfehler zu vermeiden, als diese wieder zu korrigieren.

Ebenfalls weniger giftig sind Lebensbaum, Sauerklee und Schwertlilie. Dennoch sollten auch sie gemieden werden.
Sollten Sie auf Ihrer Weide also Pflanzen und Sträucher vorfinden, die Sie nicht eindeutig zuordnen können, so fragen Sie einen Botaniker aus dem Freundeskreis um Rat, oder den nächsten Garten- und Landschaftsbauer. *Bevor* sie Ihre Tiere eine unbekannte Pflanze fressen lassen. Im Internet gibt es viele Informationsmöglichkeiten, gerade in Bezug auf Giftpflanzen. Informieren Sie sich und schützen Sie so Ihr Tier.

WEIDEPFLEGE

Um Ihre Ziegenweide lange gesund zu erhalten, sollten Sie regelmäßige Pflegemaßnahmen durchführen. Ziegen ernähren sich ja recht selektiv, folglich vertilgen sie wohlschmeckende Pflanzen zuerst und unter Umständen weniger schmackhafte Triebe zuletzt oder gar nicht. Dies hat zur Folge, dass sich die weniger gern gemochten Pflanzen besser vermehren können als die geschätzten Pflanzen. Es empfiehlt sich daher, nach der Beweidung die Wiese zu mulchen. Beim Mulchen werden alle übrig

Auf dieser Fläche neigt sich das Futterangebot dem Ende zu.

gebliebenen Stängel und Pflanzen gekappt und klein gehäckselt. Die Wiese kann neu austreiben und gleichmäßig wachsen. Alle Pflanzen haben gleich viel Licht zur Verfügung und gleiche Wachstumsbedingungen. Alternativ können Sie die Wiese mähen und darauf Heu gewinnen, das würde ich aber vor dem Auftrieb der Tiere machen. Diese können dann den nahrhaften Aufwuchs fressen. Wenn Sie Ihr Heu ohne Erdklumpen ernten wollen, müssen Sie die Wiese im Frühjahr „schleifen" oder „schleppen". Mit einer Wiesenschleppe wird die Wiese geebnet und etwaige Maulwurfshübel oder andere Aufschüttungen „abgeschleppt", dies hat eine gerade Fläche zur Folge, die allen Gräsern und Pflanzen gleiche Bedingungen zum Wachsen bietet und Ihnen die Ernte von gutem Heu bester Qualität ermöglicht.
Somit wird klar, dass ein gutes Weidemanagement wichtig ist: Wohin ziehe ich mit den Ziegen zuerst, auf welcher Fläche will ich Heu machen und welche Flächen lasse ich nur abweiden? Habe ich genug Möglichkeiten zum Weidewechsel, um dem Endoparasitendruck entgegenwirken zu können? All diese Fragen sollten Sie sich schon in der kalten Jahreszeit, der Stallzeit, stellen und sich selber klug und umsichtig beantworten. Nicht immer lassen sich alle Pläne realisieren, aber eine gute Weideplanung erleichtert die Ziegenhaltung doch ungemein. Es hängt natürlich viel vom Wetter ab, und dieses können Sie nicht beeinflussen. Bleibt der Regen im Frühjahr aus und wird der Sommer heiß und trocken, so werden Sie die Tiere öfter umstellen müssen als sonst. Geben Sie Ihren Weiden unbedingt Erholungspausen und rechnen Sie diese in Ihre Weideplanung mit ein. Bedenken Sie auch, dass Sie mit Sicherheit im zeitigen Frühjahr alle Zäune kontrollieren und im schlimmsten Fall Reparaturmaßnahmen durchführen müssen, bevor Sie mit den Tieren auf die Weiden können.
Des Weiteren kann es vor allem bei langer Beweidung und dem dadurch zunehmenden Endoparasitendruck gut sein, die Weide nach dem Abweiden im späten Winter zu kalken. Am besten mit Kalkstickstoff, den Sie im Fachhandel erwerben können. Durch das Ausbringen des Kalkes wird der Boden angesäuert und gedüngt. Die meisten Wurmlarven ungebetener Mitbewohner vertragen das nicht und gehen zugrunde. Das Kalken ist mühselig und bedarf des notwendigen Equipments, vielleicht können Sie einen benachbarten Landwirt bitten, Ihnen zu helfen, falls Sie sich das nicht selber zutrauen.
Nehmen Sie sich Zeit für Ihre Wiesen und Weiden, Ihre Tiere werden es Ihnen danken.

WEIDEGEMEINSCHAFTEN

Wie schon mehrfach erwähnt, ist die Ziege ein zwar sehr soziales, doch auch recht divenhaftes und autarkes Haustier. Eine Ziege fühlt sich am wohlsten unter ihresgleichen, was nicht zuletzt darin begründet ist, dass sie von ihren Artgenossen mit all ihren Eigenheiten am besten verstanden wird. Dennoch gibt es einige Weidegemeinschaften, die sowohl praktisch als auch zweckmäßig sein können. Manchmal ist es für die Weide von Vorteil, wenn sich zwei Tierarten die gleiche Fläche teilen, manchmal ist es auch für die Tiere von Vorteil.

Die klassischen und oft gesehenen Weidenachbarn der Ziegen sind Schafe. Bei dieser Gemeinschaft profitiert vor allem die Wiese vom gleichmäßigen Verbiss. Kein Wunder also, dass in der Landschaftspflege eigentlich immer eine gemischte Herde aus Ziegen und Schafen eingesetzt wird. Die Ziegen bevorzugen alles Strauchwerk und grobstängelige, breitblättrige Pflanzen. Schafe hingegen weiden das Untergras am liebsten und fressen eher „am Grund". Bei der Futteraufnahme kommen sich beide Parteien also kaum in die Quere und weiden somit mehr oder weniger friedlich nebeneinander. Innerhalb solcher Herden übernehmen die Ziegen sehr gerne die Führungsposition, und auch die Schafe lassen sich ihrerseits gerne von ein paar Ziegen leiten. Diesen Effekt macht man sich gerne zunutze, um große Herden zu lenken: Die Ziegen folgen ihrem Hirten meist noch bereitwilliger als Schafe, solange natürlich kein potenziell schmackhafter Strauch am Wegesrand ihr Interesse weckt.

Außerdem werden in großen Schafherden gerne Ziegen mitgeführt, um verwaisten Schaflämmern als Amme zu dienen. Freiwillig wird die Ziege das Schaflamm nicht saufen lassen, aber wenn man die Geiß ein wenig festhält, ist diese Methode der Aufzucht von mutterlosen Lämmern durchaus einfach und absolut erstrebenswert. Letztlich wird es aber so sein, dass Ziegen und Schafe zwar für das menschliche Ohr die gleiche Sprache sprechen, sich aber in der Regel nichts zu sagen haben. Die Ziegen werden innerhalb einer Schafherde immer ihre eigene Enklave bilden und quasi nur „neben" den Schafen herleben. Ich konnte in all meinen Jahren der Ziegenhaltung aber immer wieder beobachten, dass die Ziegen zwar mit den Schafen nichts anfangen können, man sich auf der Weide regelrecht aus dem Wege geht, wenn aber die Schafe mal nicht mehr da waren – weil sie vielleicht zur Schur aufgestallt werden mussten oder Ähnliches –, diese von den Ziegen aufs Schmerzlichste vermisst wurden. Womit wir ein weiteres Mal beim Weltbild der Ziege wären: Ändert sich dieses durch das Fehlen der vermeintlich unwürdigen Weidenachbarn, so verfällt die Ziege in starkes Wehklagen und leichte Anflüge von Panik. Sind die Schafe dann wieder da, so beruhigt sich die Ziegengruppe wieder und man freut sich offenbar darüber, endlich wieder etwas Wolliges zum Ärgern zu haben.

Ziegen und Schafe teilen sich zwar die Weide, gehen aber getrennte Wege.

Bei Ziegen und Rindern ist es ähnlich, allerdings benehmen sich die Ziegen Rindern gegenüber in der Regel weitaus respektvoller. In der Praxis aber kommt es selten zur gemeinsamen Haltung von Rindern und Ziegen, obwohl dies eigentlich denkbar und auch praktikabel wäre. Vermutlich weil wirtschaftlich arbeitende Betriebe sich in der Regel spezialisieren, und zwar entweder auf die großen oder die kleinen Wiederkäuer. Auf Almen sieht man manchmal gemischte Herden, aber hier wird es so sein, dass die Ziegenalmen meist deutlich höher liegen als Rinderalmen und daher Begegnungen von Rind und Ziege eher zufälliger Natur sind.

Eine ganz besondere Freundschaft kann sich zwischen Ziege und Pferd entwickeln. Richtig gelesen, die Einzahl! Früher war es üblich, dem Hofpferd, dem Arbeitsgerät, eine Ziege als Gesellschaft zu geben. Nun mag man darüber geteilter Meinung sein, inwieweit hier von artgerechter Haltung die Rede sein kann. Natürlich fühlt sich sowohl das Pferd als auch die Ziege unter ihresgleichen am wohlsten, und natürlich hält man zwei Pferde und nicht eines allein. Fakt ist aber, dass Ziegen und Pferde eine hohe Affinität zueinander entwickeln und sich unter diesen ungleichen Huftieren wirklich beeindruckend tiefe, unzertrennliche Freundschaften entwickeln. Ich habe oft gesehen, wie sich Pferd und Ziege in trauter Zweisamkeit sowohl Futter als auch

Box und Weide teilen, die Ziege keinen Millimeter von ihrem großen Freund weicht und das Pferd sehr bemüht ist, dass die zugesellte Ziege keinen Schaden nimmt. Warum das so ist, weshalb gerade diese beiden Tierarten so gut harmonieren, das kann ich leider nicht erklären. Aber jeder, der schon einmal ein solches Gespann erlebt hat, kann sich der rührenden Ausstrahlung dieser Freundschaft kaum entziehen.
Bei Eseln, welche dem Pferd ja zumindest aus der Sicht einer Ziege relativ ähnlich sind, konnte ich solche Freundschaften bisher nicht beobachten. Allerdings denke ich, dass so eine Bindung auch hier möglich ist, wenn sich die Gelegenheit bietet. Besonders bemerkenswert ist, dass sowohl Pferd als auch Esel in ihrer Ernährungsweise eigentlich mit der Ziege in Konkurrenz treten. Esel fressen ähnlich gerne Sträucher wie Ziegen und haben ebenso eine Vorliebe für „hartes" Gras. Pferde fressen auf ihren Weiden bis zur Grasnarbe. Von daher bildet diese Kombination keinen Gewinn für Weideflächen.

Der Hengst freut sich über die Gesellschaft des Ziegenbocks.

Ziegen und Geflügel lassen sich zwar zusammen halten, bilden aber keine Freundschaften und harmonieren auch in der Ernährung nicht. Der scharfe Geflügelkot schadet der Grasnarbe und kann Keime und Bakterien enthalten, die der Gesundheit der Ziegen abträglich sein können. Allerdings werden heute gerne einige Ziegen inmitten größerer Gruppen von Legehennen gehalten, weil diese angeblich Greifvögel fernhalten. Es scheint zu funktionieren und die Verluste durch Greife unter den Legehennen lassen sich so reduzieren. Gutes Zufüttern der Ziegen mit gutem, sauberem Futter ist dann aber unerlässlich.
Haustiere wie Katzen und Hunde scheinen ähnlich wie Pferde ein Herz für Ziegen zu haben. Freundschaften mit Hund und Katz sind keine Seltenheit und vor allem in kleineren Betrieben durchaus öfter zu finden. Gerade bei der Freundschaft mit dem Hofhund sehe ich da aber durchaus Probleme. Sollten Sie beim Umtrieb Ihrer Tiere einen Hund zu Hilfe nehmen wollen, so wäre es extrem kontraproduktiv, wenn dieser der beste Freund Ihrer Ziegen ist. Ihre Ziegen sollten genügend Respekt vor Ihrem Hund haben, wenn sie sich von ihm treiben lassen sollen. Ansonsten gerät der Umtrieb zur Katastrophe.

DIE PFLEGE

KÖRPERPFLEGE

Ziegen sind an sich sehr pflegeleicht. Anders als Schafe brauchen sie nicht geschoren zu werden. Aber auch Ziegen verlieren im Frühjahr ihr Winterfell und die toten Haare am Körper jucken sehr. Wenn Sie Ihren Tieren etwas Gutes tun wollen, dann schaffen Sie Möglichkeiten zur Körperpflege: Zwei Besenbürsten am Stall so angebracht, dass sie einen rechten Winkel zueinander in Körperhöhe der Ziegen bilden, sorgen für erhebliches Wohlgefühl bei Ihren Tieren und werden sicher stark frequentiert. Falls Sie nur wenige Tiere haben, bürsten und striegeln Sie sie. Ihre Ziegen werden es sehr genießen und schnell weitere Streicheleinheiten einfordern.
Ziegen sind bestrebt, ihr Äußeres rein und sauber zu halten, legen sich niemals auf feuchte Stellen oder in Mist und kratzen und jucken sich regelmäßig überall am Körper. Die von Ihnen geschaffene „Kratzstelle“ wird also ein Highlight für Ihre Tiere sein.

ENTWURMEN

Entwurmen Sie Ihre Tiere regelmäßig. Ziegen neigen noch mehr als Schafe zur schnellen Besiedlung mit Endoparasiten. Nehmen Sie regelmäßig Kotproben der Tiere und lassen Sie diese vom Tierarzt auf Wurmeier und -larven untersuchen. Bei Befall müssen *alle* Tiere behandelt und die Weide gewechselt werden. Entwurmen Sie vor allem im Frühjahr kurz vor Weidebeginn und im Herbst vor der Stallzeit. Und wenn nötig auch noch mal zwischendurch. Dosieren Sie exakt und lassen Sie sich im Zweifelsfall vom Tierarzt genau aufschrei-

Gesunde Tiere machen Freude.

Die Kratzbürste wird sehr gerne angenommen.

ben, wie viel Sie welcher Ziege geben sollen. Vorsicht, einige Parasiten haben Resistenzen entwickelt und ggf. ist nicht mehr jedes Medikament wirksam. Eine Kotprobe einige Zeit nach der Entwurmung klärt etwaige Unsicherheiten.

KLAUENPFLEGE

Den meisten Pflegeanspruch in der Ziegenhaltung stellen wohl die Klauen der Ziegen. Wie Schafe sind auch Ziegen Paarhufer, ihre Sohlen werden aber nicht als Hufe, sondern als Klauen bezeichnet. Als ehemalige Bergsteiger und Bewohner karger und felsiger Landstriche verfügen Ziegen über sehr feste und vor allem schnell wachsende Klauen. Diese sind und waren für die Vorfahren unserer Ziegen überlebenswichtig, boten sie doch in den rutschigen Bergen Halt und ermöglichten eine schnelle und sichere Flucht. In unseren Breiten ist ein regelmäßiger Rückschnitt der Klauen daher unerlässlich. Selbst wenn Sie Ihren Tieren eine Kletterlandschaft aus Steinquadern anbieten oder sie regelmäßig umtreiben und weite Strecken über Asphalt ziehen, werden sich die Klauen nicht genügend abnutzen. Es mag rassebedingte Unterschiede geben, aber grundsätzlich wachsen Ziegenklauen sehr schnell.

Zur Pediküre sollten Sie Ihre Ziege kurz an eine Stallwand anbinden und dann, ähnlich wie beim Hufe-Ausschneiden beim Pferd, ein Bein nach dem anderen anheben und überständiges Horn abschneiden. Sie können die Ziege auch, wie das bei Schafen üblich ist, auf den Hintern setzen und vor sich hocken. Beim Schaf funktioniert das

So wird der längst fällige Klauenschnitt ausgeführt.

super, bei Ziegen habe ich damit keine guten Erfahrungen gemacht. Zu unruhig sitzt die Ziege auf ihrem doch in der Regel eher mageren Sitzpolster.
Auf der Zeichnung ist der korrekte Schnitt schematisch dargestellt. Es erfordert einige Übung und Geschick, sowohl das Fixieren Ihrer Ziege, als auch das Schneiden an sich. In Ziegenzuchtverbänden und auch Schafzuchtverbänden werden immer wieder Klauenpflegekurse angeboten, in denen Sie den richtigen Schnitt und auch den richtigen Umgang mit der Klauenschere und dem Klauenmesser erlernen können. Dies sei an dieser Stelle unbedingt empfohlen. Üben Sie den korrekten Schnitt an den abgetrennten Gliedmaßen von Schlachttieren. Mag makaber klingen, ist aber effektiv. Es kann durchaus sein, dass je nach Haltungsform und Wetterlage eine Pediküre Ihrer Tiere alle 8–14 Wochen nötig ist, Sie werden also schnell Übung bekommen.

GESUNDHEITS-CHECK

Beobachten Sie Ihre Tiere täglich einige Zeit. Fressen alle? Sind alle munter? Zeigt ein Tier Krankheitsanzeichen oder Unwohlsein? Besonders bei Milchziegen sollten Sie täglich einen Blick aufs Euter werfen, am besten auch einen prüfenden Griff. Gibt es Verhärtungen oder Verletzungen? In der Regel werden Sie alle Tiere bei bester Gesundheit vorfinden. Aber falls Ihnen etwas auffällt, sollten Sie der Sache auf den Grund gehen und frühzeitig handeln. Ziegen sind wehleidig, und eine kranke Ziege lässt sich hängen und gibt sich auf. Je früher Sie also Probleme erkennen, umso leichter lassen sie sich beheben und umso größer sind die Aussichten auf rasche Gesundung.

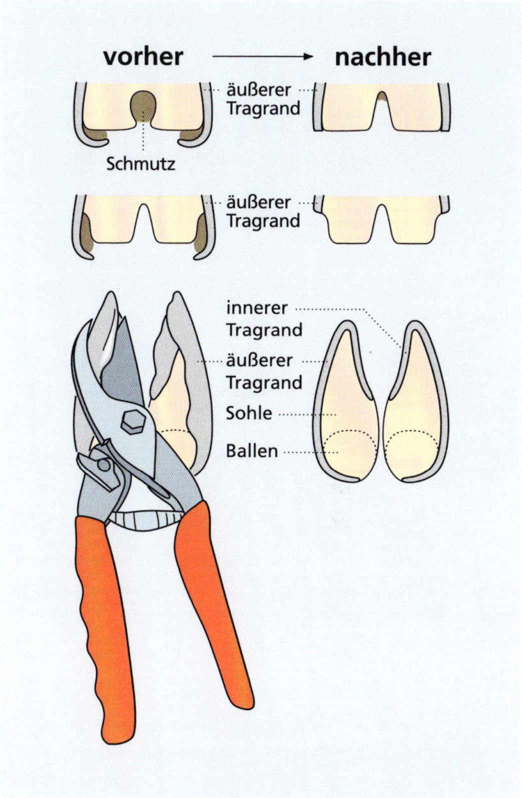

Hier ist die Klauenpflege bei der Ziege schematisch dargestellt.

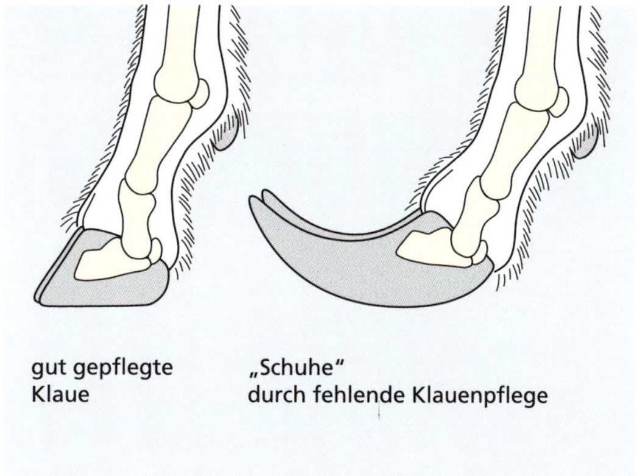

Durch zu lange Klauen entstehen „Schuhe“, die die Ziege beim Laufen behindern.

DER WEIDEUMTRIEB

Über kurz oder lang wird der Aufwuchs Ihrer Fläche dem Hunger Ihrer Tiere erlegen sein und es steht ein Umzug auf eine neue Weide an. Die Komplexität dieses Unterfangens hängt maßgeblich von der Anzahl der gehaltenen Tiere ab. Es gibt mehrere Möglichkeiten, den Umzug harmonisch zu gestalten.

Sollten Sie nur wenige und sehr zutrauliche Ziegen haben, so empfiehlt es sich der Einfachheit halber, diese an Halsband und Leine zu nehmen und hinter sich herzuziehen oder sie in einen Anhänger zu locken und zur neuen Weide zu fahren. Beides gestaltet sich noch wesentlich leichter, wenn man sich mit einigen Leckerbissen behängt oder bewaffnet und so die Aufmerksamkeit seiner Tiere komplett an sich bindet.

Da Sie ja wussten, dass ein Weideumtrieb unweigerlich irgendwann kommen wird, haben Sie das „an sich binden" und das „es gibt Leckereien" sowie das Laufen an der Leine und das Einsteigen in den Anhänger natürlich schon mehrfach mit Ihren Ziegen geübt. Am besten lange vorher und mehr als einmal, denn wir wissen ja: Das Weltbild der Ziege verträgt keine plötzlichen Veränderungen.

Sollte Ihre Herde etwas größer sein, könnte der Umtrieb auch gelingen, wenn Sie nur die Leittiere anbinden und führen und ein Helfer treibend hinter der Herde läuft und versucht, die Bummelnden am Laufen zu halten. Die eigenen oder Nachbarskinder eignen sich für diesen Job hervorragend. Allerdings ist erfahrungsgemäß die Begeisterung für solche Unternehmungen meistens nur von kurzer Dauer …

Spätestens dann kommt der berühmte Futtereimer zum Tragen; erst recht, wenn Ihre Herde an Größe gewachsen ist. Verwenden Sie einen Eimer, um Ihre Tiere allabendlich daraus ein ganz klein wenig zu füttern. Einige Leckereien reichen vollkommen, um Ihre Ziegen ganz klassisch und sehr erfolgreich auf den Eimer zu konditionieren. Nehmen Sie immer den gleichen Eimer und nähern Sie sich Ihrer Herde damit immer freudig schwenkend und raschelnd. Sehr schnell werden Ihre Ziegen diesen einen Eimer anbeten und ihm folgen. Zumindest so lange, bis etwas noch Spannenderes am Wegesrande auftaucht, die Rosensträucher in Nachbars Vorgarten zum Beispiel. Aber erst einmal werden alle Tiere Ihnen und dem Eimer in Ihrer Hand folgen – erst recht, wenn Sie die Leittiere unterwegs immer mal wieder aus dem Eimer naschen lassen. Geschickt ist es immer, noch eine Hilfe dabei zu haben.

Falls die Fläche, auf der Ihre Tiere grasen, groß genug ist und es möglich ist, die Weide mehrfach zu unterteilen, dann kommen Sie vielleicht in den Genuss, Ihre Tiere nur von einer Parzelle auf die nächste laufen zu lassen. Dies wäre natürlich komplett ohne Hilfe und sehr einfach möglich, aber die wenigsten Tierhalter sind in der Lage, Ihren Tieren eine so große Fläche bieten zu können, die dieses Verfahren erlaubt.

Versuchen Sie, Weideumtriebe in der verkehrsarmen Zeit vorzunehmen, wenn Sie nicht völlig ländlich und abgeschieden wohnen. Es ist unschön, mit einer 30-köpfigen Ziegenherde die stark befahrene Hauptstraße passieren zu müssen, daher gestalten Sie den Umtrieb so stressarm wie möglich.

Und ganz wichtig, behalten Sie die Ruhe! Ihre Ziegen werden sich ziemlich sicher nicht so benehmen, wie Sie es erwartet haben, und auch nicht so, wie Sie es trainiert haben. Sie selber werden vermutlich nervös sein, und diese Nervosität überträgt sich aufs Vieh. Versuchen Sie also, bei allem die Ruhe zu bewahren. Scheuen Sie sich nicht, alle möglichen Vorkehrungen zu treffen, die Sie beruhigen können. Falls der Rosenstrauch des Nachbarn auf Ihrem Weg liegt und falls Ihnen an der Nachbarschaft was liegt, dann unterrichten Sie Ihren Nachbarn von Ihren Plänen; vielleicht mag er sich dann selber schützend vor seine Rabatten werfen.

Ganz im Ernst können einige Unwegsamkeiten auf ihrem Weg für Probleme sorgen. Freilaufende Hunde etwa, oder sehr steile, uneinsehbare Straßenwinkel oder spielende Kinder oder eben einfach Sachen, die Ihre Ziegen nicht kennen und die ganz plötzlich auftauchen. Wenn es Ihnen möglich ist, versuchen Sie solche Schwierigkeiten zu meiden und nehmen Sie lieber den längeren, aber einsehbareren Weg in Kauf.

Ein ganz schlechter Plan ist es, mit Ihrer Herde direkt an einer anderen Herde Ziegen vorbeizugehen. Das geht schief! Ziegen ziehen einander an wie Magnete. Und ganz sicher wird Ihre Herde großes Interesse an den anderen Ziegen haben und umgekehrt. Und je nach Beschaffenheit der Umzäunung haben Sie dann entweder ein paar Ziegen weniger oder einige mehr, auf jeden Fall aber abendfüllende Unterhaltung bei der Trennung der Herden.

Überlegen Sie daher vorher genau, wohin Sie Ihr Weg führt.

Über kurz oder lang sollten Sie aber eventuell über vierbeinige Hilfe nachdenken. Ein guter, verlässlicher Hütehund übernimmt gern den treibenden Job und hält Ihre Ziegen beim Umzug in Schach.

Die Tiere ahnen …

… es geht zur neuen Weide …

… und kennen kein Halten mehr.

DER HÜTEHUND

Die Anschaffung eines vierbeinigen Arbeitskollegen will natürlich gut überlegt sein. Der Hund ist ein Lebewesen mit Ansprüchen. Und obwohl als Hilfe angeschafft und letztlich sicher auch eine Erleichterung bei anfallenden Arbeiten an der Ziegenherde, braucht auch der neue Arbeitskollege Zeit und Pflege und vor allen Dingen Ihre Aufmerksamkeit.

Es ist wirklich so, dass ein talentierter und gut ausgebildeter Hütehund Ihnen bei allen anfallenden Arbeiten an der Herde eine echte Hilfe sein kann. Vor allem, wenn die Ziegenherde größere Dimensionen angenommen hat, würde ich einen vierbeinigen Arbeitskollegen immer empfehlen. Allerdings gilt es einiges zu bedenken.

Sie sollten an das Projekt Hütehund keinesfalls überstürzt und blauäugig rangehen. Informieren Sie sich über Rassen, die für Ihre Arbeiten besonders gut geeignet sind. Es gibt innerhalb der Gruppe der Hütehunde viele Rassen, die sich in ihrer Arbeitsweise eklatant voneinander unterscheiden.

Bedenken Sie, ein Hund verursacht auch Kosten. Vom guten und hochwertigen Futter über die Steuer bis vor allem hin zum Tierarzt – all das kostet Geld.

Wohin mit dem Hund, wenn Sie in Urlaub fahren? Was, wenn Sie mal ins Krankenhaus müssen? All das sollten Sie überlegen, allerdings merken Sie hier schon, dass Sie sich die gleichen Fragen stellten, als es um die Anschaffung der Ziegen ging. Klarer Vorteil hier: Ihren Hund können Sie auch mit in den Urlaub nehmen.

Dennoch, die Anschaffung eines Hundes sollte ein Entschluss für die nächsten 15 Jahre sein. Und es versteht sich von selbst, dass Sie auch für Ihren Hund da sein sollten, wenn dieser im Alter nicht mehr wirklich helfen kann.

Das nur vorneweg. Wie gesagt, es gibt diverse Rassen, die für den Einsatz als Koppelgebrauchshund geradezu prädestiniert sind. Hier seien besonders der aus England stammende Border Collie und der aus Australien stammende Kelpie erwähnt. Um eine Ziege zu bewegen und ihr eine Richtung vorzugeben, braucht ein Hund vor allem ein sehr überzeugendes Auftreten und einen festen Willen. Gut gezogene, d. h. aus Leistungszucht stammende Border Collies und Kelpies haben einen solchen Willen und die passende Ausstrahlung.

Bevor Sie sich einen niedlichen Welpen ins Haus holen, schauen Sie sich bitte die Eltern oder wenigstens die Mutterhündin bei der Arbeit an. Ein guter Border Collie z. B. arbeitet, ohne zu bellen, in der ihm eigenen geduckten Haltung. Er bewegt das Vieh, indem er es durchdringend anschaut und keinen Zweifel an seinem Entschluss lässt. Ebenso arbeitet ein guter Kelpie. Beobachten Sie die Mutterhündin genau. Sie sollte das Vieh sicher kontrollieren, aber keinesfalls Panik und Stress verursachen. Außerdem sollte sie fern vom Vieh ein freundliches und aufgeschlossenes Wesen haben. Beides vererbt sich: Sowohl der Arbeitswille und die Fähigkeit, Vieh in jeder Form zu bewegen, als auch freundliches Wesen. Und beides sollte Ihr neuer Mitarbeiter haben.

Machen Sie sich in Ruhe ein Bild, besuchen Sie mehrere Züchter und wählen Sie mit Bedacht. Bitte kaufen Sie einen Welpen mit seriösen Papieren aus einem renommierten Verein. In Deutschland wird die Zucht arbeitender Border Collies derzeit von der Arbeitsgemeinschaft Border Collie Deutsch-

Die Border Collie Hündin muss sich …

… durchsetzten, um die Herde zu bewegen.

land betreut (www. abcdev.de). Einen Kelpie mit guter Abstammung finden Sie beim Working Kelpie Club Deutschland (www.workingkelpie-deutschland.de). Bitte nehmen Sie am Anfang ein wenig mehr Geld in die Hand, um einen Welpen zu erwerben. Auch wenn Papiere nicht hüten, so zeugen sie doch von einer gesunden und nachvollziehbaren Abstammung und einer soliden und durchdachten Zucht auf Leistungsmerkmale.

Nur ein gut gezogener Hund kann später Ihre Ziegen erfolgreich bewegen. Denn gerade Ziegen prüfen die Glaubwürdigkeit eines Hundes immer wieder aufs Neue. In dieser Hinsicht sind Ziegen wirklich weitaus unfreundlicher als Schafe oder sogar Rinder. Es scheint auch wieder in der Natur der Ziege zu liegen, immer wieder den Konflikt mit dem Hütehund zu suchen und diesen zu testen. Von daher wird auf Dauer wirklich nur ein sehr entschlossener Hund eine gute Hilfe sein. Es kann durchaus sein, das dieser auch mal von seinen Zähnen Gebrauch machen muss, um die widerspenstigen Ziegen zu motivieren, aber das sollte eher die Ausnahme sein.

Das eine ist der Kauf eines talentierten Welpen, das andere seine Ausbildung. Zunächst sollten Sie auf einen soliden Grundgehorsam achten und dem Junghund sicheres Abrufen, seinen Namen und ein zuverlässiges „Bei Fuß“ sowie ein sehr zuverlässiges Ablegen beibringen. Besuchen Sie eine gute Hundeschule in Ihrer Nähe, wenn Sie auf diesem Gebiet vielleicht noch nicht so viel Erfahrung haben. Warten Sie, bis aus dem Welpen ein Hund geworden ist, etwa mit zehn Monaten, bevor Sie ihn am Vieh ausbilden und langsam in die Arbeitswelt einführen. Besuchen Sie hierfür unbedingt einen erfahrenen Trainer auf diesem Gebiet oder sogenannte Hüte-Seminare, wo Sie den richtigen Umgang mit dem Hütehund und das effektive Zusammenarbeiten erlernen können. Geben Sie sich und Ihrem Hund Zeit, es ist noch kein Meister vom Himmel gefallen. Seien Sie nicht frustriert, wenn es in der Praxis einmal nicht so läuft, wie es in der Theorie besprochen war. Ein gutes Team braucht Zeit, um zusammenzuwachsen, dafür werden Sie sehr lange einen treuen und zuverlässigen Helfer an Ihrer Herde haben.

Ganz wichtig: Hunde lernen durch Wiederholung. Ziegen auch! Üben Sie daher oft genug mit Ihren Tieren den Ernstfall, trainieren Sie Ihren Hund für die tatsächliche Arbeit – nur so kann er Ihnen eine verlässliche Hilfe sein.

ZIEGEN GESUND ERHALTEN

Um lange Freude an der Ziegenhaltung zu haben, ist die Gesundheit der Tiere und die Gesunderhaltung wohl das oberste Ziel. Grundsätzlich ist es nicht so schwierig, den Tieren optimale Bedingungen zu schaffen und so deren Wohlbefinden zu fördern. Wie schon erwähnt, schaffen gutes, ausgewogenes Futter, die richtige Ernährung und saubere und gute Haltung mit trockenem Stall die besten Voraussetzungen. Ganz ohne die „chemische Keule" wird es aber nicht funktionieren, diese sollte natürlich wohldosiert und überlegt angewandt werden, aber um den Wurmbefall Ihrer Tiere zu minimieren und damit die Gesundheit der Tiere zu maximieren, werden Sie ohne Wurmkuren nicht auskommen. Bei gutem Weidemanagement und regelmäßigen Kotproben können Sie den Einsatz von Wurmmitteln klein halten. Es liegt wirklich ganz viel daran, wie sehr die Ziegen ihre Weide beanspruchen und wie lange Sie der Weide Ruhe gönnen. Je kürzer die Ziegen auf einer Koppel verweilen, umso geringer ist der Wurmdruck, umso weniger Wurmkuren müssen Sie anwenden, um die Belastung Ihrer Ziegen mit Endoparasiten auf einem niederen und vertretbaren Level zu halten.

Grundsätzlich würde ich empfehlen, im Frühjahr kurz vorm Weideauftrieb, im späten Sommer und im Herbst zu entwurmen. Meist sind das die Zeiten, in denen auch die unbeliebten Mitbewohner Ihrer Tiere zur Höchstform auflaufen, und dann sollte man diesen Einhalt gewähren.

Eines sollte auch nicht unerwähnt bleiben, „der größte Feind eines Schafes ist ein anderes Schaf". Dieses Sprichwort aus der Schafhaltung lässt sich eins zu eins auf die Ziegenhaltung übertragen. Schaf- und Ziegenherden haben immer eine ganz bestimmte Keimbelastung, mit der die Mitglieder dieser Herde bestens zurechtkommen. Schon die in die Herde hineingeborenen Kitze werden durch das Kolostrum genau gegen die vorherrschenden Keime gewappnet und kommen so meist bestens mit dem Herdenklima klar.

Wenn nun eine fremde Ziege in die Herde aufgenommen wird, so kommt dieses Klima durcheinander. Die schon vorhandenen Ziegen müssen sich ebenso mit neuen Keimen auseinandersetzen wie die dazugekommene Ziege. Letztere trifft es meist härter, da sie ja auch noch ihre Position innerhalb der Herde finden muss und somit auch starkem physischem Stress ausgesetzt ist, welcher ihr Immunsystem ohnehin schwächen wird.

Daher sollten Sie neue Tiere immer mindestens zwei bis drei Wochen auf einer Extra-Weide in Quarantäne stellen, bevor Sie diese zur Herde lassen. In dieser Zeit können Sie die Tiere beobachten und ggf. behandeln, die Tiere können sich ein wenig beruhigen und sich schon mit den Verhältnissen bekannt machen. Ohnedies ist es

Dieser imposante Bock strotzt vor Kraft und Gesundheit.

immer anzuraten, nicht *ein*, sondern mindestens zwei Tiere zuzukaufen, damit diese eben den Druck der Herde gemeinsam durchstehen können. Gerade Ziegen sind sehr dankbar, wenn sie eine Leidensgenossin zur Unterstützung haben. Beim Zukauf neuer Böcke für die Zucht ist dies nicht nötig. Der Bock ist sich allein genug und wird auch von seinen neuen Damen ganz anders empfangen werden als die neue Kollegin. Im Hinblick auf die stabile Gesundheit Ihrer Herde sollten Sie Zukäufe ohnehin so selten wie möglich tätigen und lieber den Nachwuchs aus den eigenen Reihen behalten. Neue Tiere belasten immer die alteingesessene Gruppe, und das sowohl physisch wie auch psychisch.

DIE KRANKE ZIEGE

... erkennen Sie meist sofort! Eine kranke Ziege ist leidend, weitaus leidender als jedes andere mir bekannte Nutztier. Kranke Ziegen lassen sich im sprichwörtlichen Sinne komplett hängen und geben sich meist sehr schnell auf. Ziegen sind keine Kämpfer, zumindest nicht in dieser Hinsicht. Daher ist im Zweifel immer sehr schnell der Tierarzt zurate zu ziehen, wenn Sie sich mal unsicher sind! Lieber einmal zu früh und vielleicht umsonst den Tierarzt gerufen, als zu lange gewartet. Ziegen sind aufgrund ihrer ausgeprägten Hingabe im Krankheitsfall nicht die Lieblinge des Tierarztes. Die Ursachenfindung ist verhältnismäßig schwer.

Woran merken Sie nun konkret, ob mit Ihrer Ziege etwas nicht stimmt? Als Erstes am Verhalten. Ziegen sind in der Regel aufmerksam und neugierig. Sollten Sie also einmal zur Weide kommen und eine Ziege begrüßt Sie nicht freudig und ohne sich Ihnen zuzuwenden, dann ist bereits Vorsicht geboten. Beobachten Sie das verdächtige Tier genauer. Liegt die Ziege abseits, wirkt sie apathisch und teilnahmslos? Frisst sie? Eine kranke Ziege stellt die Nahrungsaufnahme mehr oder weniger schnell komplett ein, dies wirkt sich extrem schnell negativ auf die Pansenbakterien aus und dies wiederum wird den Zustand der Ziege schnell verschlechtern. Versuchen Sie also immer, einer kranken Ziege irgendwie die Lust am Fressen zu erhalten. Besorgen Sie im Zweifelsfall unwiderstehliche Leckerbissen wie Himbeerblätter und Zweige mit Laub. Im Winter können auch Tannenreiser den Appetit anregen.

Ein gesundes Tier erkennt man schon von weitem an seinem Verhalten.

Falls die Ziege apathisch darniederliegt, sollte der Tierarzt die Diagnose stellen und auch die Therapie anordnen. Messen Sie die Temperatur der Ziege, alles bis 40 °C ist normal, darüber hat sie Fieber. Auch eine beschleunigte Atmung kann ein Indiz für Unwohlsein sein.

Bei Milchziegen sollten Sie das Euter kontrollieren. Es sollte sich weder hart noch heiß anfühlen. Die Milch sollte reinweiß und nicht gelblich und schon gar nicht flockig sein. Ein verdicktes oder knubbeliges Euter weist im Zusammenspiel mit erhöhter Temperatur auf eine Euterentzündung hin. Wenn Ihr Tier humpelt oder lahm geht, kann das zwei Ursachen haben: Entweder die Ziege hat sich versprungen, gezerrt oder schlimmstenfalls ein Bein gebrochen, oder sie hat „faule Klauen“ und leidet vielleicht unter Moderhinke.

Wie sieht das Fell Ihrer Ziege aus? Gesunde Tiere haben außerhalb des Haarwechsels ein glattes, glänzendes Fell. Stumpfes und strubbeliges Fell kann ebenfalls auf eine Krankheit hindeuten.

Ganz wichtig, wie ist der Kot beschaffen? Wenn Ihre Ziege Durchfall hat, so kann dies zum einen auf eine Verwurmung hindeuten, zum anderen auf eine Verdauungsstörung, bedingt vielleicht durch die Aufnahme von giftigem oder ungesundem Futter oder aber durch einen abrupten Futterwechsel.

Ein gut geplanter Futtergang im Stall, der leicht sauber zu halten ist.

Ebenso sollten Sie die Schleimhäute im Maul kontrollieren: Sie sollten nicht blass, sondern kräftig rosa sein. Blasse Schleimhäute weisen meist auch auf eine Verwurmung hin.

Zu guter Letzt sei erwähnt, was eigentlich als Erstes auffällt: Ist die Ziege mager? Milchziegen sind selten vollfleischig, dennoch sollten sie nicht abgemagert aussehen. Gesunde Ziegen haben immer einen vollen Pansen und die dementsprechende Figur. All dies sind Anhaltspunkte und können im Einzelfall stark variieren. Aber seien Sie versichert: Wenn einmal ein Tier Ihrer Herde erkrankt, werden Sie es sicher erkennen.

HYGIENEMASSNAHMEN

In der Regel unterliegt die hobbymäßige Ziegenhaltung keinerlei Hygienemaßnahmen, so wie etwa die kommerzielle Schweine- oder Geflügelhaltung. Milch erzeugende Betriebe freilich müssen strenge Bestimmungen einhalten, die ich hier nicht im Einzelnen auflisten kann.

Eine gewisse Grundsauberkeit vor allem im Stall sollte aber eingehalten werden. Sie werden es nicht schaffen, ein völlig keimfreies Ambiente zu schaffen, und das ist auch gar nicht notwendig, aber sauber und rein sollte es einfach sein.

Der Stall sollte regelmäßig ausgemistet werden und vor allem nach dem Auszug der Tiere im Frühjahr auf die Weide gründlich desinfiziert werden. Es ist ratsam, die Wände zu kalken und so ein Einnisten ungebetener Gäste (Flöhe, Haarlinge, Milben) zu verhindern.

Futterreste sollten Sie immer entsorgen und die Raufen und Tröge sollten täglich gereinigt werden.

Auch auf der Weide sollten Sie alte Äste oder größere Kotmengen absammeln und so für ein gutes Weideklima sorgen.

Besonders die Wasserstelle, sowohl auf der

Gesunde Ziegen schauen aufmerksam in die Kamera.

Weide als auch im Stall, sollten Sie nach Möglichkeit sauber und trocken halten, so gut es eben geht. Hier kommen die Tiere zusammen und der Keimdruck steigt durch die häufige Benutzung. Dass Sie das Wasser und das Gefäß, in dem es gereicht wird, algenfrei und sauber halten, versteht sich von selbst.

KRANKHEITEN

Trotz aller Mühen und der besten Haltung kann man sich nicht immer vor allen Krankheiten schützen. Daher muss man sich auch bei der Ziegenhaltung mit diesem Thema auseinandersetzen. Die häufigsten Krankheiten sollen hier kurz vorgestellt werden.

CAPRINE ARTHRITIS-ENCEPHALITIS (CAE)

CAE ist eine Viruskrankheit der Ziegen, die sich nach langer Inkubation je nach Alter der betroffenen Tiere in Enzephalitis, Arthritis und/oder Mastitis äußert. Für den Menschen ist die Krankheit nicht gefährlich. Die CAE ist sehr nahe verwandt mit dem Visna-Maedi-Virus beim Schaf. Im Blutbild gleichen sich die Viren, allerdings kommt das CAE-Virus wirklich nur bei der Ziege vor.

CAE hat sehr unterschiedliche Krankheitsanzeichen, zum einen die Arthritis (Gelenkentzündung): Die Ziegen haben „dicke Knie" und magern trotz gutem Appetit ab. Oder es kommt zur Mastitis (Euterentzündung): Die Ziegen haben ein „Steineuter". Die Milchleistung nimmt ab, die Milchqualität ist aber dadurch nicht beeinträchtigt. Oder aber die Tiere leiden unter Enzephalitis (Gehirnentzündung): Diese Form ist selten und tritt vor allem bei Zicklein auf. Sie zeigen Schwäche, Koordinationsstörungen und Lähmung der Hinterbeine bis zum Festliegen. Meist kommen die ersten beiden Erscheinungsformen im Alter zusammen.

Hauptübertragungsweg ist das Anstecken neugeborener Zicklein durch erregerhaltiges Kolostrum oder erregerhaltige Milch. In gemischten Schaf-/Ziegenhaltungen ist eine Ansteckung auch möglich, wenn erkrankte Ziegen Ammen von Lämmern sind oder wenn erregerhaltige Ziegenmilch an Lämmer verfüttert wird. Die Übertragung durch direkten Tierkontakt ist ebenfalls möglich, aber selten.

Der Erreger ist weltweit verbreitet. Es wurden aber in den frühen 90er-Jahren in den Ziegenzuchtverbänden drastische Maßnahmen ergriffen, um der Ausbreitung dieser Krankheit Einhalt zu gebieten: von der mutterlosen Aufzucht bis hin zur Merzung befallener Tiere. Und dies mit Erfolg. Züchter lassen regelmäßig Blutproben nehmen, um den CAE-freien Status der Herde zu prüfen und zu erhalten.

PSEUDOTUBERKULOSE

Die bevorzugt bei Ziegen, seltener bei Schafen, ab einem Alter von ein bis zwei Jahren klinisch in Erscheinung tretende Pseudotuberkulose hat chronischen Charakter und wird durch den Erreger *Corynebacterium pseudotuberculosis* hervorgerufen. Außerhalb des Organismus behält der gegen übliche Desinfektionsmittel sehr empfindliche Keim im Erdreich, Kot oder Wasser wochenlang seine Infektionsfähigkeit. Durch direktes Sonnenlicht soll er innerhalb von 24 Stunden abgetötet werden. Die Übertragung erfolgt hauptsächlich als Schmutz- und Schmierinfektion durch direkten Kontakt über kleine Hautverletzungen. Dem Ziegenhalter fällt üblicherweise zunächst eine bis faustgroße, meist einseitige Schwellung der paarig angelegten Hautlymphknoten auf. Hierzu zählen besonders der Hinterohr-Lymphknoten, aber auch der Lymphknoten des Unterkiefers, der vor dem Schulterblatt liegende Bug-Lymphknoten, der Kniefalten-Lymphknoten sowie der Lymphknoten im Bereich des Euterspiegels.

Diese oberflächlich gelegenen Lymphknoten nehmen innerhalb weniger Wochen meist einseitig stark an Größe zu, wobei die wenig schmerzhaften Umfangsvermehrungen sich zu Beginn hart anfühlen und in einer fortgeschrittenen Phase bei einem Durchmesser von bis zu 10 cm eine teigige Konsistenz annehmen, sodass die Abszesskapsel sich mit dem Finger leicht eindrücken lässt. Schließlich bricht der Abszess auf und eine dickflüssige oder auch krümelige oder konzentrisch geschichtete Eitermasse wird freigesetzt. Der Abszessinhalt besitzt eine gelblich-graue Farbe und ist geruchlos.

Während das Allgemeinbefinden der Ziegen anfangs kaum beeinträchtigt ist, magern die Tiere nach einer mehrmonatigen Krankheitsdauer zunehmend ab. Beim Befall der inneren Lymphknoten, d. h. insbesondere der Kehlkopf- und Lungen-Lymphknoten sowie der Mediastinal-Lymphknoten, stellen sich Schluck- und Atembeschwerden ein. Diese Veränderungen an den inneren Lymphknoten treten allerdings erst bei der Sektion der Tier zutage. Eine weitere Ausbreitung des Erregers in Leber, Milz, Niere, Gehirn und Rückenmark kann vereinzelt zu Todesfällen führen.

Die Diagnose erfolgt über den Nachweis des Erregers über eine bakteriologische Untersuchung des Abszessinhaltes. Zur Ermittlung bereits infizierter, allerdings klinisch noch unauffälliger Tiere bietet sich eine serologische Untersuchung der Herde mittels eines ELISA-Tests an.

Eine Heilung der Tiere nach Spaltung des reifen Abszesses und mehrtägiger Antibiotikatherapie ist nicht zu erwarten. Klinisch erkrankte sowie serologisch positive Tiere müssen aus der Herde entfernt werden. Nach Ausmerzung dieser Tiere sind Nachuntersuchungen erforderlich. Auch gegen diese Erkrankung ist bisher „kein Kraut gewachsen", eine Behandlung der erkrankten Tiere daher nicht erfolgversprechend. Es bleibt als einzige Lösung die Schlachtung!

RÄUDE

Ziegen können ebenso wie Schafe an Räude erkranken, zwar kommt diese bei den Ziegen seltener vor, dann aber meist in sehr heftiger Ausprägung. Die Räude wird durch mit bloßem Auge nicht sichtbare Parasiten, die sog. Milben, hervorgerufen. Man unterscheidet zwischen Kopfräude, Körperräude und Fußräude. Wirtschaftlich von Bedeutung sind die Kopf- bzw. Sarkoptesräude und die Körper- bzw. Psoroptesräude. Der Erreger gelangt über latent infizierte Schafe und Ziegen oder kontaminierte Gegenstände oder gemeinsame Weiden in die Herde. Außerhalb des Tierkörpers bleiben die Milben etwa sieben Wochen infektionsfähig. Klinisch stehen Unruhe, Juckreiz bzw. Scheuern an festen Gegenständen und Fellverlust im Vordergrund. Während man bei der Kopfräude entzündlich veränderte Hautbezirke vorzugsweise rund um die Augen, an den Ohren, im Stirnbereich und am Nasenrücken findet, sind bei der Körperräude besonders der Rumpf bzw. die seitliche Brustwand betroffen. Bei näherer Betrachtung ist die entzündlich geschwollene Haut waschbrettartig verändert (allergische Reaktion) und nicht selten blutig gescheuert. Für den mikroskopischen Erregernachweis im Labor muss ein Hautgeschabsel am Übergang von der gesunden zur erkrankten Haut tief entnommen werden. Zur Behandlung eignen sich sowohl Bäder als auch Avermectin-haltige Injektionspräparate. Um Rückfälle zu vermeiden, wird bei beiden Behandlungsmethoden eine Zweitbehandlung nach 10–14 Tagen dringend empfohlen. Dies unbedingt einhalten! Sonst überleben womöglich einige Milbeneier die erste Behandlung und die Ziegen werden erneut befallen.

AUGENENTZÜNDUNGEN

Schwerpunktmäßig während der sommerlichen Weidehaltung können infektiöse Entzündungen der Lidbindehäute und der Hornhäute bei kleinen Wiederkäuern ein ernsthaftes gesundheitliches Problem darstellen. Zunächst stellt sich eine mit starkem Tränenfluss verbundene, meist beidseitige Entzündung der Lidbindehäute ein, die mit Blinzeln und Lichtscheu einhergeht. Später greift die Entzündung auf die Hornhäute über, es kommt zur Einsprossung von Gefäßen, das Sekret nimmt eitrigen Charakter an und die Hornhaut trübt völlig ein. Bei der mikrobiologischen Untersuchung von Augentupfern lassen sich entweder Chlamydien, Mykoplasmen oder Moraxellen nachweisen. Insekten soll eine Vektorfunktion bei der raschen Verbreitung der Erkrankung im Bestand zukommen. Von der mehrere Wochen anhaltenden Sehstörung ist oft ein hoher Prozentsatz der Tiere einer Herde betroffen. Zur Behandlung werden in kleineren Herden lokal am Auge Antibiotika nach Resistenztest gegeben, in größeren Herden müssen die Wirkstoffe per Injektion verabreicht werden. Als flankierende Maßnahme wird empfohlen, die Tiere aufzustallen oder zumindest für schattige Weideplätze zu sorgen, da die UV-Einstrahlung sich negativ auf den Heilungsverlauf auswirkt.

MODERHINKE

Auch diese Krankheit kommt bei Ziegen seltener vor als bei Schafen, aber auch sie verläuft bei der Ziege weitaus heftiger. In der Schafhaltung stellt Morderhinke eine der häufigsten und lästigsten Erkrankungen dar und verursacht hohe wirtschaftliche Schäden.

Die Moderhinke wird durch das Zusammenwirken von zwei Erregern hervorgerufen, wobei dem Bakterium *Dichelobacter nodosus*, welches sich in mehrere Gruppen und Serovare aufteilt, primäre krank machende Bedeutung zukommt. In Abhängigkeit vom Grad der entzündlichen Prozesse am Sohlen- und Wandhorn der Vorder- und/oder Hintergliedmaßen und der Schädigung der Lederhaut zeigen die betroffenen Tiere unterschiedlich stark ausgeprägte Lahmheiten.
Im Extremfall sind die betroffenen Ziegen aufgrund der starken Schmerzen nicht mehr in der Lage, sich fortzubewegen. In besonders gravierenden Fällen kommt es zur völligen Ablösung des Klauenschuhes von der gefäß- und nervenführenden Lederhaut und dem Klauenbein.
Die Sanierung einer betroffenen Herde beansprucht einen Zeitraum von mehreren Monaten und ist nur durch konsequente Klauenpflege, d. h. restloses Entfernen von defektem Klauenmaterial bei mehrfacher Nachkontrolle und Korrekturen in wöchentlichen Abständen möglich. Tragen Sie unbedingt Sorge, dass abgeschnittenes Klauenmaterial nicht auf der Wiese zurückbleibt. Im optimalen Fall schneiden Sie die Klauen auf einem Platz, den Sie leicht reinigen und desinfizieren können. Durch Einsatz einer handelsüblichen Vakzine bzw. eines herdenspezifischen Impfstoffes kann der Heilungsverlauf zusätzlich begünstigt bzw. Neuinfektionen reduziert werden. Zurzeit wird überprüft, ob der bisher praktizierte und zweifellos unverzichtbare Einsatz von Klauenbädern arzneimittelrechtlich zulässig ist. Der Einsatz solcher Bäder hat sich in der Praxis bewährt, leider ist die Entsorgung des „Badewassers“ ein erhebliches ökologisches Problem und leider sind auch viele gute Präparate heute nicht mehr zugelassen. Die Moderhinke ist ein wirklich zähes Thema auf allen Ebenen.

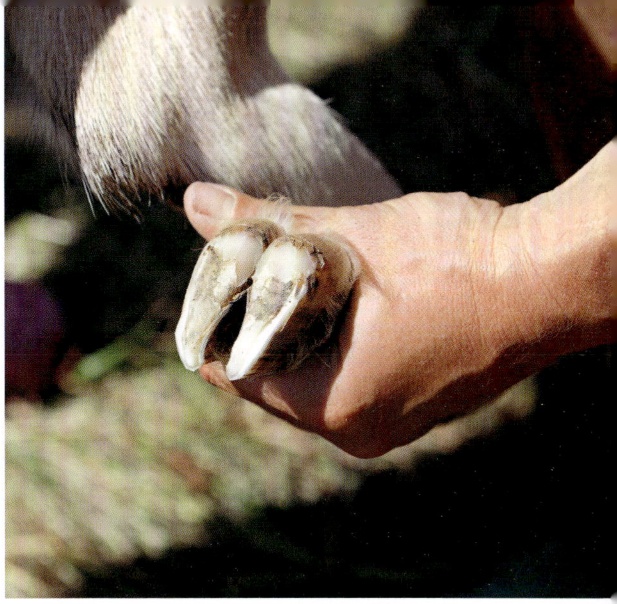

Sauber geschnittene Klauen beugen der Moderhinke vor.

INNENPARASITEN

Häufigste Ursache für Erkrankungen der Ziegen sind sogenannte Endoparasiten. Hierrunter fallen unterschiedliche Würmer und diverse Bakterien. Die wichtigsten werden hier vorgestellt.
Allgemein lässt sich sagen: Wurmlarven verenden auf den Weiden im Winter bei mehrtägigen Kahlfrösten von –5 °C und im Sommer bei lang anhaltender Trockenheit bei über 25 °C. Allerdings sollten es schon mindestens zehn Tage sein. Die Entwicklung vom Ei zur ansteckungsfähigen Larve dauert 5–15 Tage, in Abhängigkeit von der Witterung. Und ebendiese Entwicklung ist massiv gehemmt bei über 25 °C und bei unter –5 °C. Hauptinfektionsgefahr herrscht von April bis Oktober, passenderweise zum Übergang vom Stall zur Weide und umgekehrt.

Würmer können Kitze schnell töten. Sind die Schleimhäute weiß, dann sofort eine Spritze mit Vitamin B12 geben, dann ein Wurmmittel – aber so mild wie möglich, weil in diesem Stadium sonst das Kitz selbst daran stirbt. Ebenso können stark verwurmte erwachsene Tiere nach einer erfolgreichen Gabe eines Wurmmittels noch verenden. Der Abbau der toten Würmer setzt im Körper der Ziege Toxine frei, und an diesem Giftgemisch geht die Ziege dann zugrunde. Von daher sollte es gar nicht erst zu einer starken Verwurmung kommen. Geschicktes Weidemanagement und regelmäßige Kotproben können, wie schon erwähnt (Seite 74), hilfreich sein und gut vorbeugen.

Die Anzeichen für eine Verwurmung gleichen sich bei Schaf und Ziege: tränende Augen, wählerisches Fressverhalten, reduzierte Milchleistung, Durchfall (vor allem dieser ist meist ein sehr sicheres Indiz); manchmal bildet sich unter dem Kinn ein „Flaschenhals". Blutsaugende Würmer verursachen Anämie, die Schleimhäute sind bleich.

Kotuntersuchungen im Labor zeigen Genaueres: Von einer zu hohen Verwurmung ist auszugehen, wenn mehr als 500 MDS-Eier oder 1.000 Kokzidien-Eier pro Gramm Kot (EpG) gefunden werden.

Nun ist es von größter Wichtigkeit, das richtige Wurmmittel zu verabreichen. Leider gibt es auf viele Mittel schon Resisten-

Ein häufiger Weidewechsel wirkt der Verwurmung entgegen.

zen. Fragen Sie Ihren Tierarzt genau und machen Sie umgehend nach der Wurmkur wieder eine Kotprobe. Die Wurmmittel der Ivermectin-Gruppe (Ivomec) zerstören nicht nur Würmer im Ziegendarm, sondern auch die kotverarbeitende Bodenfauna, z. B. Mistkäfer. Ist dagegen der Boden gut mineralisiert, der pH-Wert zwischen 5 und 6,5, dann werden Mistkäfer, Würmer und Mycorrhiza den Dung in den Boden ziehen und so schnell verarbeiten, wie Sie ihn geliefert bekommen. So in den Boden gezogen, können die Wurmlarven nicht mehr auf die Grashalme klettern, über die sie die Ziege wieder erreichen. Eprinex basiert auf Eprinomectin; bei dessen Anwendung verschwinden alle Mistkäfer, d. h. auch sie werden vergiftet.

Ziegen sollte immer genug Heu zur freien Verfügung haben, sodass sie nicht aus Not feuchtes Gras fressen. Haben Ziegen die Wahl, beginnen sie dort zu grasen, wo die Sonne das Gras bereits getrocknet hat. Und natürlich sorgt Überbelegung für Verwurmung.

WÜRMER

Gedrehter Magenwurm *Haemonchus contortus* ist ein großer, blutsaugender Wurm. In kalten Zeiten kapselt er sich im Darm ein, schadet nicht und bleibt von Entwurmungen unerreicht. Zum Problem wird er beim Ablammen und speziell in den ersten warmen Tagen: Da wird er plötzlich aktiv, gesunde Ziegen kollabieren und der gedrehte Magenwurm tötet sie in schockierend kurzer Zeit. Die Schleimhäute unter dem Auge zeigen plötzliche Blutarmut – ein eindeutiger Hinweis auf diesen großen Blutsauger; hinzu können tropfende Nasen und Durchfall kommen. Der Wurm hat einen Entwicklungszyklus zwischen 10 und 14 Tagen. Um auch den Nachwuchs zu erwischen, muss man die Entwurmung am 10., 14. und 21. Tag wiederholen.

Auch hierfür gilt: Eine ausreichende Versorgung mit Kupfersulfat erspart dem Tier viel Chemie durch die Entwurmung.

Brauner Magenwurm *Ostertagia ostertagi* ist das ganze Jahr aktiv; ein Entwurmungsmittel scheint leider nur jene Würmer zu töten, die auch im Darm sind. Diejenigen, die sich in der Magenwand verkrochen haben, erreicht die Wurmkur nicht. Diese kommen zum Vorschein und werden aktiv und die Ziege wird wieder krank (Anämie und oft auch Durchfall).

Lungenwürmer sind nicht auf trockenen Weiden anzutreffen. Sie haben einen 3-Wochen-Zyklus. Sicheres Zeichen für eine Infektion mit Lungenwürmern ist andauerndes Husten. Vorsicht bei der Entwurmung: Befinden sich sehr viele Würmer in der Lunge und sie alle werden vergiftet, bekommt die Ziege eine Lungenentzündung aufgrund der toten Würmer. Hier wird es nun schwierig, die Würmer müssen raus, unterdosieren bringt nichts, aber falls die Verwurmung zu stark ist, kann die Ziege an den Folgen sterben. Reden Sie mit Ihrem Tierarzt, wie man am besten vorgeht, ggf. sollte ein Aufbaupräpart direkt mitgegeben werden und womöglich hat Ihr Tierarzt sogar ein Mittel, das die toxische Wirkung der verendeten Würmer aufhebt.

Fadenwürmer *(Nematoden):* Wenn die Ziege oft mit dem Schwanz wedelt, ohne brünstig zu sein, muss man genau hinschauen: Mitunter kann man die Würmer am Anus sich kringeln sehen.

Diese drei Walliser sind kerngesund und top gepflegt.

Zwergfadenwürmer *(Strongyloides)* werden von den Lämmern über die Haut oder die Muttermilch aufgenommen und können zu mit Husten verbundenen Atemwegsproblemen, Durchfällen und mangelnder körperlicher Entwicklung führen. Deshalb entwurmt man Mütter vor dem Ablammen, denn Zicklein, die keine Weide haben, auf der sie Wurmeier aufnehmen, können trotzdem unter hoher Wurmlast leiden. Glanzloses Fell und schwache Zunahme sind Warnzeichen.

Bandwurm: Fassartige Bäuche deuten auf Bandwurm hin, die reiskorngroßen Bandwurmglieder kann man bei genauer Betrachtung im Kot erkennen. Ältere Tiere scheinen eine Immunität gegen Bandwürmer zu entwickeln, schlimm schädigen können sie dagegen Jungtiere. Eine Erdmilbe ist der Zwischenwirt; man sollte deshalb gut aufpassen und die Kitze nicht dort weiden lassen, wo früher Ziegen grasten, die vom Bandwurm befallen waren.

Aber auch hier gilt: Ziegen mit einer guten Kupferversorgung werden nicht verwurmt, gerade Bandwürmer sind gegen Kupfer sehr empfindlich.

LEBEREGEL

Ein weiterer, vor allem auf feuchten Weiden sehr weit verbreiteter und sehr ungebetener Gast ist der Leberegel.

Die Ziegen zeigen blasse Schleimhäute, gesträubtes Fell, Abmagerung, wechselnden Appetit und bei manchen bildet sich ein Klumpen unter dem Kinn. Bei geringem Befall sieht man keine Anzeichen.

Leberegel entwickeln sich im 6-Wochen-Zyklus, deshalb müssen Medikamentengaben in diesem Zyklus wiederholt werden. Gegen den Leberegel führt man daher einen schweren und langen Kampf.

Zwischenwirt ist die Zwergschlamm-Schnecke in feuchten Wiesen. Solange man also feuchte Stellen auf der Weide meiden kann, so lange hat man in aller Regel auch Ruhe vor dem Leberegel, da dieser seine Entwicklung nicht zu Ende bringen kann. Alternativ schicken Sie eine Armada aus Laufenten über die Weide, diese fressen die Schnecken mit Vorliebe, und so kann der Egel sich ebenfalls nicht vermehren. Ob sich aber die Ziegen über den Entenkot freuen, das sei dahingestellt.

KOKZIDIEN

Kokzidien zählen zu den kleinsten Parasiten (Einzeller), die Schafe und Ziegen befallen. Leider ist diese Parasitenart sehr weit verbreitet und nahezu alle lebenden Tiere zeigen eine Besiedelung des Verdauungstraktes mit diesen Schädlingen.
Bei optimalen Haltungsbedingungen kommt es zu keiner oder nur zu einer geringen Erkrankung von Schaf und Ziege.
Die Infektion erfolgt durch die Aufnahme von kotverschmutztem Futter, Wasser oder über das Einstreumaterial. Bei mangelnder Hygiene, feuchtwarmer Witterung, zusätzlichem Stress und Fütterungsfehlern sind kokzidienbedingte explosionsartige Krankheitsausbrüche möglich. Häufig sind dabei Lämmer und Kitze im Alter von zwei bis acht Wochen in Mastbetrieben betroffen. Die Patienten zeigen einen schleimigen, oft blutigen, übel riechenden Durchfall und verenden ohne Behandlung sehr rasch. Häufig wird vom Tierhalter erwähnt, dass die betroffenen Tiere bereits mehrmals erfolglos mit Entwurmungsmitteln behandelt worden seien.
Hier ist die rasche Diagnose Ihres Tierarztes wichtig, da Kokzidien nur durch eine mikroskopische Kotuntersuchung als Ursache der Erkrankung erkannt werden können. Die Behandlung verlangt ganz andere Präparate, als sie zur Bekämpfung von Magen-Darm-Parasiten verwendet werden. Die beste Vorbeugung ist hier eine tadellose Hygiene im Stall- und Weidebereich. Bei größeren Tierkonzentrationen, wie bei der Lämmermast, lässt sich die Problematik einer Kokzidieninfektion nur durch ein regelmäßiges Ausmisten, sehr häufige Reinigung von Futter- und Wassertrögen und durch das Trockenhalten der Einstreu verhindern.
Besonders zu achten ist auf die Reinigung der Tränkeeimer. Eine tierartgerechte Fütterung mit genügend Raufutter, etwas Kraftfutter und ausreichender Vitamin- und Mineralstoffversorgung sollte der Standard eines umsichtigen Schaf- oder Ziegenhalters sein. Äußerste Vorsicht ist bei Fütterung von Silage jeglicher Art geboten. Ein hoher Verschmutzungsgrad mit Erde, ein hoher Eiweißgehalt und gefrorenes Silofutter im Winter sind die wesentlichen Wegbereiter für eine Infektion mit Kokzidien!

CHLAMYDIEN

Eine Infektion mit diesen Bakterien erkennt man zumeist erst dann, wenn es schon zu spät ist. Kommt es während der Lammzeit oder kurz davor zu Aborten und/oder Totgeburten, so sollte eine Infektion mit Chlamydien in Betracht gezogen werden.
Zur massiven Erregerausscheidung kommt es beim Verlammen. Die Chlamydien werden mit Milch (vier Monate), Harn (zwei Monate) und Kot (ständig) ausgeschieden und oral über kontaminiertes Futter und

Trinkwasser von den anderen Ziegen aufgenommen. Die Einschleppung des Erregers in gesunde Herden erfolgt durch klinisch gesunde, aber infizierte Tiere (Zukauf, Pensionshaltung). Bei nicht trächtigen Ziegen verläuft die Infektion ohne sichtbare Anzeichen und geht in ein latentes Stadium über. Um den vierten Monat der Trächtigkeit gelangen die Erreger dann über die Blutbahn in die Gebärmutter und den Fetus. Eine Infektion in der zweiten Hälfte der Trächtigkeit führt erst in der folgenden zum Abort. Das Verlammen tritt meistens innerhalb der letzten zwei bis drei Wochen der Trächtigkeit auf. Die Feten sind gut entwickelt und weisen äußerlich keine oder nur geringe autolytische Veränderungen auf.

Bei Erstinfektion einer Herde kommt es bei 30 % der tragenden Mutterschafe zum Abort. Infizierte Tiere abortieren meist nur einmal und entwickeln einen mehrjährigen, belastbaren Antikörperschutz. Durch die weitere ständige Ausscheidung der Erreger mit dem Kot kommt es deshalb in den meisten Fällen bei erstmalig trächtigen Ziegen zum Abort. Weitere Krankheitsanzeichen sind Scheidenausfluss, der aber unter Praxisbedingungen übersehen wird. Eine Übertragung der Erreger mit dem Deckakt ist nicht abgeklärt.

Da Chlamydien auf den Menschen übertragen werden und Bindehaut- und Lungenentzündungen sowie Fehlgeburten bei Frauen verursachen können, sind besonders Personen gefährdet, die Geburtshilfe bei infizierten Tieren leisten. Daher ist es notwendig, insbesondere während der Geburt und beim Umgang mit Abortmaterial Schutzhandschuhe zu tragen. Schwangere sollten jeden Kontakt zu infizierten Herden meiden, in denen Ablammungen anstehen.

Beim ersten Auftreten von Aborten mit Verdacht auf eine Chlamydieninfektion kann durch die Behandlung der noch trächtigen Muttertiere mit Oxytetracyclin-Langzeitpräparaten das Abortgeschehen eingedämmt werden. Eine zweite antibiotische Behandlung sollte bei den Ziegen erfolgen, die nach drei Wochen noch nicht abgelammt haben. Nur mithilfe dieser chemischen Keule lässt sich dem Verlauf einer Chlamydien-Infektion überhaupt Einhalt gebieten. Allerdings ist auch hier der Erfolg nicht immer garantiert. Neben der medikamentösen Therapie sollten weitere Maßnahmen ergriffen werden, um die Ausbreitung in der Herde zu vermindern: Die abortierten Feten und Nachgeburten sind sofort zu beseitigen und die abortierten Ziegen sollten für ca. zwei Wochen isoliert werden. Die Ablammbuchten und Gerätschaften sind zu desinfizieren. Die Stalleinstreu, in der der Erreger bis 20 Tage lebensfähig ist, muss laufend entfernt werden.

VERLETZUNGEN

Ein Thema, das gerade in der Ziegenhaltung besonderer Aufmerksamkeit bedarf. Aufgrund ihrer Lebensweise und ihres Verhaltens bringen sich Ziegen, wie schon erwähnt, sehr oft in gefährliche Situationen. In aller Regel entkommen sie diesen erstaunlich gut und meistens auch ohne Schaden zu nehmen. Wenn jedoch ein Haustier dazu neigt, sich selbst zu verletzen, dann ist es die Ziege.

Daher noch einmal der Hinweis: Denken Sie bei der Weide- und Stallplanung immer an das Unmögliche. Es kommt relativ oft vor, dass Ziegen, vor allem Ziegenlämmer,

Ziegen zieht es immer nach oben; da kann es schon mal zu Verletzungen kommen.

beim Spielen und Klettern irgendwie zwischen irgendwelche Spalten und Stapel geraten und sich dann schnell entweder die Sehnen zerren oder schlimmstenfalls ein Bein brechen. In beiden Fällen fällt das Tier zunächst durch Lahmheit auf. In jedem Fall müssen Sie des Tieres habhaft werden und es untersuchen. Beim Abtasten des vermutlich geschwollenen Beines werden Sie einen geschlossen Bruch im Vergleich zur Verstauchung oder Zerrung daran erkennen, dass die betreffende Gliedmaße sich unschön anormal bewegen lässt und meist sehr schlaff ohne Muskeltonus am Tier „baumelt". Bei jungen Lämmern und wenn Sie viel Erfahrung haben, können Sie in diesem Fall versuchen, einen Castverband mit Gips anzulegen. Die bessere Version wäre es, wenn dies der Tierarzt tut. Bei älteren Tieren ist ein Bruch meist komplizierter und muss auf alle Fälle tiermedizinischem Fachpersonal vorgestellt werden. Ebenso sollten Sie einen offenen Bruch immer unbedingt dem Tierarzt zeigen.

Manchmal legen Goldfliegen hinter dem Gehörn alter Ziegenböcke ihre Eier ab.

Die Heilung beim Lamm gelingt meist besser als vermutet und nach sechs Wochen Gips bleiben meist keine Schäden zurück. Bei erwachsenen Tieren kann der Bruch leider auch schon mal final enden und zu einer Notschlachtung führen.

Zerrungen und Stauchungen jeder Art können nach Ruhigstellen des Beines meist erfolgreich nach schon 14 Tagen ausgeheilt werden. Ein gut gepolsterter Verband, der eine Stabilisierung und ein Ruhigstellen garantiert und gelichzeitig eine gute Durchblutung sichert, leistet beste Dienste. Derlei Verbände werden auch meistens von den Ziegen gut akzeptiert.

Außerdem kommt es mitunter zu Hautverletzungen. Entweder beim Klettern, beim Kratzen an der Stallwand oder einem Weidepfosten oder bei etwaigen Rangkämpfen. Bei kleineren Rissen in der Haut reicht es sicher, die Wunde zu desinfizieren und ein Wundspray aufzutragen. Größere, tiefere Risse müssen vom Tierarzt genäht werden. Besonders übel wird es, wenn ein Horn ein Euter getroffen hat oder das Euter anderweitig verletzt wurde. Hier muss ein erfahrener Tierarzt das gut durchblutete Gewebe nähen und die Ziege antibiotisch behandeln, um eine Infektion zu verhindern. Vermutlich muss auch trockengestellt werden, und in jedem Fall wird sich die Heilung einige Zeit hinziehen.

Ganz arg übel wird es, wenn in der Rittzeit womöglich mehrere Böcke um die Vorherrschaft in der Herde und das Recht auf Fortpflanzung buhlen. In äußerst ungünstigen Fällen kann es dazu kommen, dass einem Kontrahenten ein Horn ab-, oder noch schlimmer, ausgebrochen wird. Je näher am Schädel, desto schlimmer wird es bluten und desto schwerer die Verletzung. Eine abgebrochene Hornspitze schaut meist nur gruslig aus und blutet fürchterlich, heilt aber meist schnell. Komplett ausgebrochene Hörner sind dagegen schon ein ernst zu nehmendes Problem. Die Wunden müssen desinfiziert und tierärztlich versorgt werden, es muss geschaut werden, inwieweit die Schädeldecke mit verletzt ist und ob eine Heilung der Wunde überhaupt angestrebt werden kann. Die offenen Stellen müssen austamponiert und regelmäßig desinfiziert werden. Sehr langsam wird sich eine zarte Haut über die Wunde legen, wenn denn eine Chance auf Heilung besteht. Bis dahin muss der Versehrte einen Verband tragen und sollte auf keinen Fall mit anderen Böcken in einen Zweikampf treten. Derlei schlimme Hornverletzungen sind wirklich selten, aber wenn sie einem begegnen, sollte man drauf gefasst sein und einen kühlen Kopf bewahren.

GOLDFLIEGEN

Ein Insekt, das in der gesamten Nutztierhaltung immer wieder für Probleme sorgt. Es ernährt sich von Aas, was eigentlich eine sinnvolle Aufgabe ist. Leider ist es aber so, dass die Goldfliegen auch lebende Tiere mit offenen Verletzungen aufsuchen und in deren Wunden ihre Eier ablegen. Je nach Außentemperatur schlüpfen daraus innerhalb kürzester Zeit hungrige Larven und beginnen sofort, sich an der Wunde satt zu fressen. Bald schon unterscheiden die Maden nicht mehr gesundes und krankes Gewebe und fressen so das befallene Tier quasi bei lebendigem Leibe auf. Die Ausscheidungen der Maden sind hochtoxisch und vergiften den nährenden Organismus.

Das gleiche Szenario spielt sich ab bei Durchfall, auch hier legen die Fliegen ihre Eier in das verklebte Fell am After der Ziege, der Kuh, des Schafes usw., und ebenso kann es passieren, dass sehr kräftige Böcke hinter den Hörnern schwitzen und dort ebenfalls Eier abgelegt werden. Die Goldfliege schädigt den Organismus also auf vielfältige Weise und ihre Schädigungen enden immer tödlich, wenn man nicht rechtzeitig eingreift.

Vor allem die Prophylaxe ist wichtig: Reinigen Sie Wunden immer und desinfizieren Sie diese. Sorgen Sie mit Wundspray dafür, dass die Wunde trocken und gut abgedeckt ist. Die Gabe von Ivermectinen kann einem Befall mit Maden entgegenwirken oder, falls er schon vorliegt, ihn stark eindämmen. Achten Sie vor allem im Sommer immer darauf, ob Ihre Ziegen sich irgendwo verletzt haben, und beobachten Sie genau, ob sich schon Goldfliegen an der Ziege und ihrer Verletzung zu schaffen machen. Wenn Sie Fliegen sehen, sind die hässlichen Maden nicht mehr weit. Beobachten Sie daher Ihre Tiere vor allem im Hochsommer genau und achten Sie auf Durchfall oder Verletzungen.

ZIEGEN VERMEHREN — *Zucht und Aufzucht*

VERPAARUNG UND TRÄCHTIGKEIT

Ziegen sind sehr vermehrungsfreudig. Ein paar Ziegen, ein Bock dazu, und in der Regel ist dann schon sehr bald innerhalb des nächsten halben Jahres mit Nachwuchs zu rechnen.

Ganz so einfach sollte man es sich aber im Interesse und zum Wohle der Tiere nicht machen. Ziegennachwuchs bedeutet ein Mehr an Arbeit und vor allem ein Mehr an Verantwortung. In der Regel sind Ziegen sehr fürsorgliche und gute Mütter, aber was, wenn doch eine Geiß ihr Kitz nicht will? Was, wenn es während der Geburt zu Komplikationen kommt? Wann sollen die Lämmer kommen und haben Sie zu dieser Zeit genug Platz und Futter für weitere „Fresser“? Ist Ihr Zaun „lammsicher“? Und nicht zuletzt: Wohin mit den Lämmern, wenn sie alt genug sind, um ihre Mütter zu verlassen? Sind Sie bereit, auch Tiere schlachten zu lassen, oder haben Sie sicher genug potenzielle Abnehmer für Ihre Nachzucht? All das sind Fragen die Sie sich schon *vor* der Vermehrung Ihrer Ziegen stellen sollten. Im Folgenden möchte ich Ihnen helfen, die eine oder andere Antwort zu finden.

ÜBERLEGUNGEN VORAB

Mit Sicherheit gibt es für einen Ziegenhalter, nicht nur für den Einsteiger, kaum etwas Schöneres, als den Nachwuchs aus den eigenen Tieren zu bestaunen. Die Entstehung neuen Lebens ist immer faszinierend, und wenn es dann noch die eigenen Tiere sind, die sich vermehren, dann ist es sicher doppelt interessant. Der Geburt und dem Aufwachsen von Ziegenkitzen beiwohnen zu können, ist wirklich ein erfüllendes Gefühl. Kaum ein Haustier ist so verspielt wie Ziegenkitze, kaum eines wird so schnell so zahm und kaum eines hat so viel Schalk im Nacken wie Ziegenbabys. Im übrigen be-

Glückliche Pfauenziegenfamilie, auch wenn die Muttergeiß nicht ganz reinrassig ist

Ziegenlämmer gehören zu den niedlichsten Tierbabys überhaupt.

kommen Sie von Ihrer Ziege nur Milch zur Verkäsung, wenn diese vorher geboren hat. Konstruktive und artgerechte Ziegenzucht will gut geplant sein. Worum geht es Ihnen? Möchten Sie einmalig dem Wunder der Natur und der Entstehung einer neuen Ziegengeneration beiwohnen? Möchten Sie die Milch Ihrer Ziegen nutzen und sind daher quasi gezwungen, Nachwuchs zu „produzieren"? Möchten Sie im Herbst Ihren Speiseplan um wohlschmeckendes und sehr zartes Ziegenfleisch erweitern? Möchten Sie rassereinen und typvollen Nachwuchs Ihrer Lieblingsrasse erzeugen, um ebendiese Rasse zu fördern und zu sichern?

All diese Fragen müssen Sie sich beantworten können. Und mitunter geht das eine nicht ohne das andere. Es gibt z. B. eine Vielzahl von zumeist alten Nutztierrassen – nicht nur bei den Ziegen –, die nur dank des züchterischen Engagements sogenannter Hobbyzüchter überlebt haben. Allerdings gehört es nun mal auch zur Rassezucht, den Nachwuchs, der nicht den züchterischen Idealen entspricht, auszumerzen. Dieses harte Wort lässt erahnen, wohin die Reise für die meisten männlichen Nachkommen geht. Allerdings lässt sich eine Rasse eben nur durch durchdachte Selektion auf die typvollsten Individuen sichern. Nur so gelang es, den großen Genpool der alten Haustierrassen zu sichern und zu stabilisieren und all die Vorzüge der alten Haustierrassen zu bewahren.

Sollten Sie sich also für die gezielte Zucht einer bestimmten Rasse entschieden haben, so empfiehlt es sich, einem Ziegenzuchtverein beizutreten. Innerhalb dieses

Vereines werden Sie viele Züchter finden und viele Informationen erhalten. Eine Zucht mit Abstammungsnachweis innerhalb eines Vereins oder Verbandes mit ausgewählten und von Fachleuten beurteilten Tieren nennt man Herdbuchzucht. Innerhalb dieser Herdbuchzucht werden Tiere beurteilt und ihr Zuchtwert festgelegt. Vorzüge und Schwächen Ihrer Tiere werden aufgezeigt und eine vielversprechende und rassefördernde Anpaarung kann so leichter vorgenommen werden. Diese Form der gezielten Zucht ist in jedem Fall erstrebenswert. Um wirtschaftlich konkurrenzfähig zu bleiben, gibt es gar keine Alternative zur Herdbuchzucht. Denn gerade bei den Wirtschaftsrassen ist erstens mit viel Nachwuchs zu rechnen und man möchte natürlich Tiere züchten, deren Leistung dominiert.

Aber auch wenn Sie „nur" ein paar Ziegen Ihr eigen nennen und vielleicht Freude an der Vielfalt der Ziegen und einer bunten Truppe von gemischtrassigen Tieren haben, sollten Sie bedenken, dass für die Zucht das Beste gerade gut genug ist. Auch wenn Sie „nur" Mischlinge erwarten, sollten die Elterntiere gesund und kräftig sein.

DER BOCK

Der Erzeuger Ihres Nachwuchses gibt seine Gene an alle Damen seiner Herde weiter. Ein alter Schäferspruch besagt: „Der Bock ist die halbe Herde!" Daher sollte man sich den Vater der nächsten Generation *vor* seinem Einsatz sehr genau betrachten. Er sollte auf alle Fälle zunächst auf Exterieur, also das Aussehen geprüft werden. Natürlich sollte er annähernd perfekt den Idealen seiner Rasse entsprechen. Wichtig ist außerdem ein sehr stabiles und gutes Fundament, keinesfalls darf man über Fehlstellungen der Beine oder weiche Fesseln hinwegsehen. Beurteilen Sie Ihren Vererber kritisch und seien Sie streng mit ihm und mit sich selbst. Nur ein tadelloser Bock kann der Vater guter und rassetypischer Lämmer werden. Versuchen Sie, mit seinem Einsatz die Schwächen Ihrer Ziegen auszugleichen. Wählen Sie einen Bock, der Sie züchterisch weiterbringt. Werfen Sie auch einen kritischen Blick oder gar einen Griff auf seine edelsten Teile. Der Bock sollte zwei sehr gut entwi-

Der Bock hält nach einer „willigen" Dame Ausschau.

ckelte Hoden haben, um auch wirklich seinen Einsatz finden zu können.
Neben der Prüfung des Exterieurs sollten Sie aber auch sein Wesen genau unter die Lupe nehmen. Ziegenböcke sollten keinesfalls zu zutraulich sein, denn dann verlieren sie schnell den Respekt vor dem Menschen und werden sehr frech und mitunter auch gefährlich. Ihr Bock sollte eine freundliche Natur haben und sich Ihnen gegenüber respektvoll, aber auch nicht panisch oder scheu verhalten. Ebenso sollte er friedvoll mit seinen Damen und dem Nachwuchs umgehen. In aller Regel ist dies aber immer der Fall. Ziegenböcke sehen zwar meist sehr imposant aus, sind aber doch extrem friedlich veranlagt und selten so gefährlich, wie man vielleicht denken mag.
Dennoch – lassen Sie Ihren Bock vor allem in der Paarungszeit nicht aus den Augen, wenn Sie sich auf der Weide aufhalten. Manchmal gehen den Böcken die Nerven durch und sie werden übermütig. Dies kann, je nach Rasse, dann schon mal schmerzhaft für Sie enden. Begegnen Sie dem Bock immer mit dem Respekt, den Sie auch von ihm erwarten, und legen Sie immer ein sicheres Auftreten an den Tag. Von etwaigen Streicheleinheiten sollten Sie Abstand nehmen, aber das werden Sie zumindest in der Paarungszeit wegen des Bockgeruchs sowieso.
Woher bekommen Sie den passenden für ihre Herde oder Gruppe prächtiger Ziegendamen? Nun, als Mitglied eines Zuchtvereins haben Sie es da sicher leichter, bestimmt sind Sie nicht der einzige Züchter Ihrer Rasse und es kann innerhalb der Züchter getauscht werden. Oder aber jemand kennt jemanden usw. Ansonsten bietet das Internet eine breite Plattform, um einen passenden Bock zu suchen. Achten Sie auch auf seine Gesundheit. Genau wie beim Ziegenkauf sollte das Tier optisch ganz sicher keine Krankheiten erkennen lassen, gut genährt sein und einen fitten Eindruck machen. Aber ich denke, das versteht sich von selbst.

DER BOCKGERUCH

Ein allseits bekanntes Phänomen stellt der eigenwillige Geruch des Bockes dar. Vor allem in der Paarungszeit nimmt dieser Ausmaße an, welche die menschliche Nase kaum verkraften kann. Ziegen allerdings finden sein Parfüm sehr betörend und kommen mithilfe desselben sehr schnell in Stimmung. Der eigenwillige Geruch entsteht durch die Vermischung von Moschus aus Drüsen am Kopf, insbesondere am Kinn und hinter den Hörnern, und vor allem aus dem Auftragen und Verteilen von Eigenurin am Körper des Bockes, vor allem am Kopf und auf der Brust. Durch geschickte Körperkrümmung uriniert er sich selbst auf die Brust und ins Maul und verteilt den Urin dann auf jeder erreichbaren Körperstelle.
Der Bock „riecht" das ganze Jahr, aber nur zur Paarungszeit wird es wirklich anstrengend für jede Nase. Sie sollten das bedenken, wenn Sie Ihre Ziegen während dieser Zeit mitten in einer Wohnsiedlung halten möchten, es könnte bei den Nachbarn vielleicht nicht so gut ankommen. Tatsächlich lässt der Geruch des Bockes später im Jahr meist wieder nach.
Ganz wichtig: Vermeiden Sie es, den Bock in der Paarungszeit anzufassen! Sie könnten es bereuen. Das strenge Parfüm des Ziegenbockes lässt sich nur sehr schwer aus der Kleidung und von der Haut bekommen und nicht jeder in der Familie wird begeistert sein, wenn Sie derart einparfümiert das Haus betreten.

Nur gesunde Ziegen können auch für gesunden Nachwuchs sorgen.

DIE ZIEGEN

Natürlich sollten auch die auserwählten Damen bestens auf die anstrengende Zeit der Paarung und späteren Trächtigkeit vorbereitet sein.

Nun ist es so, dass jede Ziege ihr Erbgut nur an die von ihr geborenen Lämmer weitergeben kann (in einer Lammzeit höchstens drei, selten vier). Populationsgenetisch betrachtet ist also sowohl der Nutzen als auch der Schaden für die Rasse wesentlich geringer als beim Bock.

Ein Beispiel: Ein Bock mit X-Beinen vererbt, statistisch betrachtet, die Anlage dafür mit jeder Ziege, die er deckt. Wenn er Zehn Ziegen deckt und alle bekommen „nur" Zwillinge, so entstehen 20 Nachkommen mit zumindest der Anlage für X-Beine. Wenn dagegen zehn Ziegen von einem Bock mit hervorragendem Fundament gedeckt werden und eine dieser Ziegen X-Beine hat, so entstehen lediglich zwei Nachkommen mit der Anlage für X-Beine. Dies als rechnerisches Beispiel, die Natur funktioniert etwas komplexer; aber es veranschaulicht den populationsgenetischen „Schaden".

Dennoch, auch die Ziegen, welche zur Zucht verwendet werden, sollten im Hinblick auf den Rassestandard möglichst fehlerfrei und von bester Gesundheit sein. Ganz wichtig ist, dass Sie einem Zuchtziel folgen: Wenn Sie Milchziegen züchten wollen, dann sollten Sie sowohl die Milchleistung der Zuchtziegen, als auch die der weiblichen Vorfahren des Bocks im Blick haben. Die Euterform vererbt sich ebenfalls, und nur gut „aufgehängte", raumgreifende Euter können Ihren Erwartungen an eine gute Milchziege gerecht werden. Wenn Sie Fleischziegen züchten möchten,

sollten Sie die täglichen Zunahmen aller Vorfahren sowohl auf der Mutter-, als auch der Vaterseite studieren, um eine gewinnbringende Anpaarung vorzunehmen. Grundsätzlich sollten auch nur solche Ziegen in die Rassezucht eingehen, die einen Gewinn für die Rasse darstellen können. Bedenken Sie nochmals: Für die Zucht ist das Beste gerade gut genug.
Fernab der Rassemerkmale und der züchterischen Eignung sollten die Mütter vor allem kerngesund sein. Es ist gut, wenn vor dem Decken noch mal eine Wurmkur verabreicht wird, die Klauen noch mal geschnitten werden und das Euter kontrolliert wird. Nur gesunde und fitte Ziegen können ebensolche Lämmer gebären und aufziehen.

Das Alter spielt auch eine große Rolle: Zu alte Tiere sollten keinen Nachwuchs mehr bekommen. Ich denke, die beste Zeit hat eine Mutterziege zwischen zwei und acht Jahren, danach sinkt ihre Leistungsfähigkeit rapide. Über den richtigen Zeitpunkt der Erstbelegung gibt es unterschiedliche Ansichten. Aus wirtschaftlicher Sicht ist es eine Verschwendung, die Ziege nicht schon im ersten Lebensjahr decken zu lassen, allerdings habe ich die Erfahrung gemacht, dass eine zu frühe Belegung dem Wachstum einer Ziege massiv im Wege steht. Meinen Tieren habe ich immer ein Jahr zur vollen Entwicklung gelassen und die Ziegen somit erst im Alter von etwa 18 Monaten zur ersten Belegung zugelassen. Ich bin damit sehr gut gefahren und

Burenziegen sind nicht saisonal; bei ihnen können das ganze Jahr über Lämmer geboren werden.

möchte das auch jedem Leser dieses Buches ans Herz legen. Die Ziegen wachsen sich viel besser aus, wenn sie im ersten Lebensjahr nur mit ihrem eigenen Wachstum und nicht zusätzlich mit dem zweier quengelnder Lämmer beschäftigt sind. Wenn man nicht zwingend auf die Anzahl der Lämmer angewiesen ist und nicht unbedingt die Ziege früh in Milch braucht, dann sollte man doch den Jungtieren die Zeit zur Reife lassen.

SAISONALITÄT

Die meisten aller Ziegenrassen sind saisonal „bockig". Das heißt, die Brunst setzt mit abnehmender Tageslichtlänge meist im späten August oder September ein, mitunter auch erst im Oktober. Das hat zur Folge, dass bei einer Tragzeit von rund fünf Monaten die Kitze ins Frühjahr und somit in den Beginn der Vegetationszeit geboren werden. Einige Ziegenrassen afrikanischen Ursprungs, wie z. B. die Burenziegen, verfügen aufgrund ihrer Herkunft nicht über die Notwendigkeit der Saisonalität und sind daher das ganze Jahr über empfängnisbereit. Nicht saisonale Rassen lammen, wenn denn ein Bock in der Herde läuft, folglich zu jeder Jahreszeit. Saisonale Rassen lammen zwischen Ende Januar und Ende März. Bedenken Sie dies bei der Wahl der Rasse!

DER ZYKLUS

Wenn nun also sowohl Bock als auch Geißen auf Herz und Nieren geprüft sind und die Tage deutlich kürzer werden, so werden Sie, sofern der Bock ganzjährig bei den Ziegen mitläuft, alsbald eine Veränderung der Stimmung in der Herde feststellen können. Und das sowohl visuell als auch durch den plötzlich sehr markant auftretenden, bereits erwähnten Bockgeruch. Die Ziegen werden „bockig", d. h. sie kommen in die passende Stimmung, in die Brunst. Eine Ziege wird, wenn es sich um eine Dame einer saisonalen Rasse handelt, ab dem Kürzerwerden der Tage alle 18–21 Tage für genau drei Tage bockig. In diesen drei Tagen ist das Ende des zweiten Tages der beste Zeitpunkt für eine erfolgreiche Belegung. Dies ist von Interesse, wenn Sie Ihre Ziege künstlich besamen lassen wollen, ansonsten weiß Ihr Bock sehr genau, wann seine Anstrengung den gewünschten Erfolg bringen wird. Sollte in diesen drei Tagen kein erfolgreicher Deckakt erfolgen oder es wider Erwarten nicht zur Befruchtung kommen, wird die Ziege nach 18 Tagen erneut bockig. Dies wiederholt sich bis Dezember, falls es nicht zur Befruchtung kommt.

Der Zyklus ist manipulierbar, und das ist vor allem in der Wirtschaftsziegenhaltung von Vorteil. Um ganzjährig Milch und Käse produzieren zu können, ist es durchaus hilfreich, wenn ein Teil der Herde früher lammt und man dadurch keine Engpässe in der Milchgewinnung hat.

Im Stall gehaltenen Tieren kann durch künstliches Licht die Tageslänge und -kürze vorgetäuscht werden, das kann den Zyklus früher auslösen oder auch nach hinten verschieben. Bei Ziegen, die fern vom Bock gehalten werden, kann man einen Sack vorlegen, den man vorher über den Zuchtbock strich und dem somit der unwiderstehliche Geruch des Bocks anhaftet. Dieser Geruch löst bei den Damen mitunter

Ein Bock „flehmt", um den attraktiven Geruch der Ziege aufzunehmen.

schon die Brunst aus, und es kann zu erfolgreichen Deckungen kommen, wenn die Tiere dann dem Bock zugeführt werden oder künstlich besamt werden.
Woran erkennen Sie, ob Ihre Ziege bockig ist? Nun, sofern der Bock in der Herde mitläuft, wird sich sein Verhalten am deutlichsten verändern. Sein Interesse an seinen Damen wird plötzlich erheblich ansteigen, in höchster Erregung trägt er seinen Schwanz steil nach oben und meist bis über die Kruppe gebogen, er verfolgt einzelne Damen und kostet ihren Urin. Danach flehmt der Bock, das heißt, er zieht die Oberlippe weit nach oben und streckt das Maul gen Himmel.
Untrügliches Zeichen für die Brunst der Ziegen ist der Bockgeruch. Dieser war bis jetzt vielleicht für die daran gewöhnte Nase noch hinnehmbar, nimmt nun aber derart an Intensität zu, dass der Bock schon einige Meilen gegen den Wind zu riechen ist.
Die Ziegen ihrerseits suchen die Nähe zum Bock, reiben ihre Köpfe an seinem Kopf und harnen vermehrt. Ziegen, die ohne Bock gehalten werden, fallen durch Unruhe und vermehrtes, gequältes Meckern auf. Sie wedeln sehr häufig mit dem Schwanz und mitunter bespringen sich die Damen auch gegenseitig. Auch kann es zu einer Rötung der Schamlippen kommen und diese können auch ein wenig praller erscheinen als sonst. Die Anzeichen der Brunst sind bei der Ziege also deutlich ausgeprägt und somit auch für den Laien erkennbar.

DER DECKAKT

Das Werben des Bocks um die Gunst seiner Damen ist ein wahrhaft anstrengendes Unterfangen und zehrt sehr an seinen Kräften. Es kommt natürlich auf die Konstitution des Bocks an, aber mehr als 50 Ziegen sollten Sie ihm nicht zumuten. Während der Brunst seiner Damen frisst der Bock weitaus weniger als normal, einige sehr verliebte Burschen stellen die Nahrungsaufnahme fast gänzlich ein. Er ist nun nur noch auf seine Geißen fixiert und setzt alles daran, diese erfolgreich zu beglücken.
Mit nach vorne gestrecktem Kopf verfolgt er seine Angebetete, immer wieder kostet er an ihrem Harn und flehmt danach. Er versucht, den Kopf an ihr zu reiben und schlägt ihr mit dem Vorderbein in die Flanke, dabei hängt nicht selten die Zunge heraus und er beleckt sich oder die Geiß. Ganz muntere Böcke geben dabei noch sehr eigentümliche Geräusche von sich: Er grunzt nun mehr

als er meckert, und einige Kerle artikulieren sich in einer Art und Weise, wie Sie sie auf keinen Fall einem Ziegenbock zuordnen würden. Der Bock treibt! Die Ziege duldet sein Gebaren und lässt ihn gewähren, will aber erobert werden, und das kann durchaus zwei Tage dauern. Irgendwann bleibt sie stehen und rennt nicht mehr von ihm weg, der Bock darf aufreiten und vollzieht den Deckakt. Ein erfolgreicher Deckakt ist gekennzeichnet von einem kräftigen Nachstoßen des Bockes und dauert meist nicht sehr lange. Dieser Deckakt wiederholt sich mehrere Male, bis die Ziege ihn nicht mehr aufreiten lässt. War er erfolgreich, wird sie nicht mehr bockig; war er es nicht, beginnt das Treiben in 18 Tagen von Neuem.

Hat der Bock eine Ziege gedeckt, wendet er sich der nächsten zu und die bis dahin Liebste ist ihm nicht mehr wichtig. Mitunter steht ihm die Geschwängerte sogar im Wege und er schubst sie sehr unsanft zur Seite, um freie Bahn auf seine neue Angebetete zu haben. Und bei ihr verfolgt er dann mit gleichem Gehabe dasselbe Ziel.

DIE TRÄCHTIGKEIT

War der Deckakt erfolgreich und der Samen des Bocks trifft auf die eine oder andere Eizelle der Ziege, so beginnt wie bei allen Säugetieren die Trächtigkeit mit dem Einnisten der befruchteten Eizelle in die Gebärmutter des Muttertieres.

Dass diese Zwergziege tragend ist, ist nicht mehr zu übersehen.

01

02

03

Eine normale Trächtigkeit dauert etwa 150 Tage, grob fünf Monate. In der Regel tragen Ziegen Zwillinge. Einlingslämmer sind eher selten und Drillinge durchaus häufiger. Selbst Vierlinge sind bei Ziegen keine Seltenheit und kommen öfter vor, als es einem lieb ist. Die Ziege ist unter den Nutztieren eines der fruchtbarsten. Allerdings hat auch die Ziege, genau wie das Schaf, nur zwei Zitzen und ist damit optimal für die Aufzucht von Zwillingen ausgelegt, alles darüber bedeutet einen Mehraufwand für den Ziegenhalter und ist von daher nicht unbedingt erstrebenswert.
Von der bestehenden Trächtigkeit merken Sie als Halter zunächst nicht viel. Die ersten drei Monate verändert sich die Ziege nicht erkennbar, weder im Umfang noch im Verhalten. Erst im letzten Drittel der Trächtigkeit nimmt der Umfang der werdenden Mutter erkennbar zu und erst in den letzten vier Wochen bildet sich das Euter langsam aus. Sollten Sie Ihre Ziegen zum Zwecke des Käsens melken, so sollten Sie spätestens 8–10 Wochen vor der Geburt die Ziege trocken stellen, um dem Euter eine Erholungspause zu gönnen.
In den letzten Wochen der Trächtigkeit nehmen die Früchte im Mutterleib viel Raum ein und engen den Pansen ein. Eine hochwertige und ausgewogene Ernährung ist nun für die Tiere wichtig. Gönnen Sie den Ziegen die Ruhe, die sie nun mehr und mehr einfordern. Bewegung ist gut, aber

zwingen sollten Sie Ihre Tiere nun zu nichts mehr. Die Ziege weiß nun am besten, was gut für sie ist, und wird sich langsam mehr und mehr auf sich und die anstrengende Zeit der Jungtieraufzucht konzentrieren. Tatsächlich werden Ziegen, je näher die Geburt kommt, immer friedvoller und haben immer weniger Lust auf die sonst so unterhaltsamen Machtkämpfe. Eine hochtragende Ziege wirkt in sich gekehrt und in sich ruhend.
Wenn Sie Glück haben, können Sie zum Ende der Trächtigkeit hin die Bewegungen der Lämmer im Mutterleib sehen, meist wenn die Ziege trinkt oder gerade aufgestanden ist. Es gibt aber unter den Ziegen durchaus Exemplare, die ihre Schwangerschaft sehr gut zu verstecken wissen. Gerade Erstgebärende sehen unter Umständen auch zum Ende der Trächtigkeit nicht wirklich dicker aus als sonst. Aber in aller Regel, wenn ein Bock in der Nähe war, dann sind auch alle Damen tragend. Ziegenböcke sind sehr engagiert und lassen keine Chance ungenutzt.

01 Nach einer fünfmonatigen Tragzeit kommen meist Zwillinge zur Welt.

02 Bewegung an der frischen Luft im Sonnenschein ist das Beste für die Kitze.

03 Will man Rasseziegen züchten, darf zur Brunftzeit kein rassefremder Bock zugegen sein.

GEBURT UND AUFZUCHT

DIE GEBURT

Die Geburt kündigt sich bei Ziegen meist relativ zügig an. Am Ende der Trächtigkeit nimmt das Euter immense Formen an. Kurz vor der Geburt wird das Euter hart, die Zitzen stehen prall ab und insgesamt erinnert das Euter nun sehr an einen sehr prall aufgeblasenen Luftballon.

Ebenso fallen die Beckenbänder der Ziege ein, die Scheide schwillt an und es kann sich ein weißes oder auch durchsichtiges Sekret an der Scheide zeigen. All diese Zeichen sind untrüglich, aber von Ziege zu Ziege sehr unterschiedlich ausgeprägt. Nur sie allein wird wissen, wann der große Moment gekommen ist, und sie wird sich dafür, wenn irgend möglich, den frühen Morgen oder den Abend aussuchen. Einzig Erstgebärende folgen diesem Muster mitunter nicht, aber die meisten Ziegen lammen zu diesen Zeiten.

Ganz sicher wird sich die Ziege einige Stunden vor der Geburt von der Herde absondern, so ihr das möglich ist. Vielleicht wird sie sich hinlegen, nach einigen Minuten wieder aufstehen und sich ihr Hinterteil betrachten. Womöglich wird sie leise meckern, sich erneut niederlegen, einige Zeit verweilen und dann wieder aufstehen. Je näher die Geburt rückt, desto öfter wiederholt sich dieses Prozedere in immer kürzeren Intervallen. Bald beginnt die Ziege auch mit den Vorderfüßen zu scharren und immer öfter leise zu meckern. Die Geburt ist nun nicht mehr fern.

Irgendwann setzen die ersten Wehen ein, und die Ziege beginnt verhalten zu pressen, oft begleitet von einem leichten Stöhnen. Das Erste, was Sie erblicken werden, ist die gelbliche Fruchtblase, diese bereitet den

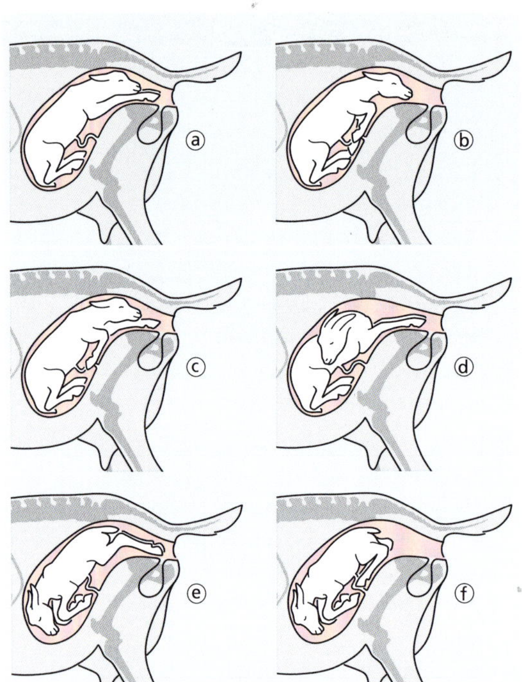

*Geburtslagen: **a** Vorderendlage; **b** angewinkelte Vorderbeine, Hilfe nötig; **c** ein angewinkeltes Bein, Hilfe nötig; **d** weggedrehter Kopf, Hilfe nötig; **e** Hinterendlage; **f** angewinkelte Hinterbeine, Hilfe nötig.*

Ziegen sind in der Regel fürsorgliche Mütter, die ihren Nachwuchs liebevoll umsorgen.

Geburtsweg vor, dehnt das Becken und ebnet den Weg für das Lamm. Nachdem diese Blase ausgetrieben ist, gibt es keinen Weg mehr zurück. Innerhalb der nächsten 15 bis maximal 45 Minuten ist mit dem Lamm zu rechnen. Die Ziege wird nun heftiger pressen, und alsbald werden Sie bestenfalls zwei kleine Klauen erkennen können. Diesen wird, von heftigen Wehen begleitet, der auf den Beinen liegende Kopf folgen, und nachdem dieser geboren ist, wird meist von einer letzten starken Wehe das restliche Lamm ausgetrieben. Je nachdem, ob die Ziege dabei liegt oder steht, beginnt das Leben der kleinen Ziege mit einem kleinen Aufprall aus 50 cm Höhe.

Die Mutter wird sich sofort nach dem Lamm umdrehen und dieses heftig belecken. Die kluge Ziege beginnt am Kopf des Lammes und befreit es so von der Eihaut, die das Lamm umgibt. So kann das Lamm atmen und zu Kräften kommen. Mit dem Lecken regt die Mutter nicht nur den Kreislauf an und befreit das Lamm aus seiner Hülle, sondert fördert dadurch auch die Mutter-Kind-Bindung. Sie prägt sich dabei den Geruch ihres Kindes untrüglich ein und vermag es nun unter vielen anderen zu erkennen.

Die Mutterziege muss sich ein wenig beeilen, denn in 90 % aller Fälle ist schon sehr bald mit der Geburt des Geschwisterchens zu rechnen. Und so werden sich, während die Mutter noch mit dem ersten Lamm beschäftigt ist, schon die nächsten Presswehen einstellen und sehr bald werden abermals zwei kleine Füße erscheinen, denen ein Köpfchen folgt, und meist ist sehr schnell auch das Geschwisterchen geboren. Nach dem gleichen Schema wird auch dieses beleckt und aus der Eihaut befreit. Das zuerst geborene Lamm wird mittlerweile schon auf sehr wackeligen Beinen stehen und die Mutter nach dem Euter absuchen.

Der Nachwuchs wird von allen freudig empfangen.

Ziegenkinder sind sehr schlau und finden in aller Regel schnell den Weg zur lebenswichtigen Milchbar. Nicht selten gebiert die Mutter noch ein drittes Lamm. Das Ende der Geburt erkennen Sie untrüglich daran, dass die Ziege ruhiger wird und ganz sicher am Abgang der Nachgeburt. Diese wird von der Ziege nicht selten gefressen. Ein Erbe ihrer wilden Vorfahren, denn in freier Wildbahn darf nichts die Aufmerksamkeit von Raubtieren auf die Kleinen lenken. Außerdem enthält die Nachgeburt Nährstoffe, die durchaus nützlich für die Mutter sind.

Nach der Geburt werden alle Lämmer zum Euter streben; der erste Schluck fällt schwer, da der Milchpfropf noch den Fluss der Milch hemmt. Die gelbe und zähe, dickflüssige Kolostralmilch muss mit kräftigen Schlucken aus dem Euter gesaugt werden. Sie enthält lebenswichtige Immunglobuline, die das Lamm in den ersten Stunden seines Lebens unbedingt aufnehmen muss. Ohne die Kolostralmilch sind die Überlebenschancen für die Lämmer gering. Die Mutterziege versucht sich durch Abwinkeln des Beckens ein wenig hinzuhocken und so den Lämmern den Zugang zum Euter zu erleichtern.

Nach den ersten kräftigen Schlucken sind Mutter und Kinder meist erschöpft und ruhen sich aus. Doch bald schon werden die Kitze munter und springen voller Lebensfreude zunächst um ihre Mutter und dann auf alles, was ihnen sinnvoll zu erklimmen scheint.

Eine Geburt ist ein völlig normaler Vorgang; wenn auch überaus spannend, so doch das Natürlichste der Welt. In aller Regel verläuft eine Geburt in etwa wie beschrieben. Ziemlich sicher wird Ihre Hilfe nicht vonnöten sein. Die allermeisten Ziegen sind sehr instinktsicher und hervorragende Mütter. Wenn Sie die Chance haben, beobachten Sie die Geburt aus einem Abstand, den die Geiß toleriert.

Es gibt als Richtwert für einen optimalen Verlauf die 30-Minuten-Regel: Nach dem Abgang der Fruchtblase sollte innerhalb von 30 Minuten ein Lamm geboren sein, dieses sollte nach 30 Minuten stehen und nach weiteren 30 Minuten getrunken haben. Dies als grober Richtwert. Es gibt keinen Grund, nach 31 Minuten nervös zu werden, aber länger als 60 Minuten sollten die Etappen nicht dauern.

Komplikationen können entstehen, wenn die tragende Ziege in schlechtem konstitutionellen Zustand ist, sehr alt oder viel zu jung ist. Ganz sicher schwierig wird es, wenn sich ein Lamm in einer Fehllage befindet. In diesem Fall ist die Ziege auf Ihre Hilfe angewiesen. Eine Fehllage liegt vor, wenn beispielsweise der Kopf erscheint, ohne dass die Vorderbeine vorangingen, nur ein Vorderbein erscheint, kein Kopf erscheint, da dieser nach hinten gebogen ist, das Lamm mit den Hinterbeinen zuerst erscheint usw. Letzteres erkennen Sie recht zuverlässig daran, das die Sohlen der Klauen nach oben zeigen. Ganz kniffelig wird es, wenn mehrere Lämmer gleichzeitig im Geburtskanal liegen. Das alles passiert aber weitaus seltener als gedacht.

Bei Geburtsproblemen gilt als oberste Regel: Ruhe bewahren! Falls nicht offensichtlich ein Problem erkennbar ist, sollten Sie die gebärende Ziege erst mal beobachten und sich ein Bild der Lage machen. Sehen Sie Wehentätigkeit? Wirkt das Tier, als sei es wirklich in der Geburt? Ist vielleicht der Abgang der Amnionblase schon zu lange her und es erscheint kein Lamm? Wenn Sie es sich zutrauen und sich Ihrer Sache sicher sind, dann können Sie selber versuchen, die Lämmer in der Ziege in eine bessere Lage zu bringen. Dazu sollten Sie unbedingt Latexhandschuhe und Gleitgel zur Hand haben. Wenn Sie aber auch nur die geringste Scheu oder Unsicherheit verspüren, dann sollten Sie lieber einen erfahrenen Ziegenhalter oder noch besser Ihren Tierarzt eiligst zurate ziehen. Beide werden durch geschickte Bewegungen die Lage der Lämmer im inneren der Ziege verbessern und so eine mehr oder weniger normale Geburt ermöglichen.

Da Sie nicht immer schnell genug einen Tierarzt zur Stelle haben werden und falls Sie planen, öfter Nachwuchs von Ihren Ziegen zu haben, sollten Sie sich für den Ernstfall schulen lassen. Es gibt tatsächlich Geburtshilfe-Kurse für Halter von kleinen Wiederkäuern. Informieren Sie sich darüber bei Ihrem Ziegenzuchtverband. Es kann keinesfalls schaden, wenn Sie im Ernstfall imstande sind, Ihre Scheu zu überwinden und die vertrackte Situation schnell beheben können.

Es gilt immer durch bloßes Tasten zu erkennen, wie falsch die Lage der Lämmer im Inneren ist und zu versuchen, diese zu korrigieren. Zuerst müssen die Vorderbeine, dann darauf der Kopf und dann der Rest geboren werden. Bestenfalls kann man auch eine Steißlage entbinden, aber alle anderen Lagen sind zu korrigieren. Versuchen Sie ein Geschick für eine solche Situation zu erlernen, aber solange Sie die geringsten Zweifel an Ihrer Technik haben, sollten Sie auf die Hilfe Ihres Tierarztes oder eben eines anderen Ziegenhalters bauen. Legen Sie sich schon Wochen vor dem großen Ereignis die Telefonnummern von erfahrenen Ziegenhaltern und Ihrem Tierarzt bereit. In der Hitze des Gefechts haben Sie weder den Nerv noch die Zeit, nach hilfreichen Telefonnummern zu suchen.

Ein prächtiger Bursche, knapp 24 Stunden alt

DIE AUFZUCHT DER LÄMMER

DIE MUTTERROLLE

Ziegen, so zickig sie ansonsten auch sein mögen, sind fast alle wirklich hingebungsvolle und sehr zärtliche Mütter. In all der Zeit, in der ich jetzt Ziegen halte, kann ich mich nicht erinnern, jemals eine Ziege gehabt zu haben, die ihre Lämmer nicht abartig geliebt hat. Schon unter der Geburt begrüßt die Mutter mit zartem, gurgelndem Meckern das Neugeborene und prägt sich seinen Geruch und später auch seine Stimme sehr genau ein. Die instinktsichere Ziege befreit ihr Lamm von der Eihaut und leckt es hingebungsvoll trocken. Bei diesem Vorgang dürfen Sie nicht stören und sollte die Ziege auch nicht gestört werden. Während dieser Minuten festigt sich die Mutter-Kind-Bindung und die Ziege prägt sich ihr Lamm ganz genau ein. Auch das Lamm merkt sich sehr genau den Geruch und die Stimme seiner Mutter und wird diese nie mehr vergessen. Bald schon wird die Mutter das Kitz animieren aufzustehen, vielleicht gibt sie ihm vorsichtige „Tritte" mit den Vorderbeinen und treibt das Kitz auf die Beine. Dieses wird, kaum dass es stehen kann, den Weg zum Euter suchen. Die Mutter wird sich so hinstellen, dass dies den Lämmern leicht gelingt und sich bestenfalls ein wenig hinhocken. Sollten Sie mehrere Ziegen in der Lammung haben, so hilft es sicher der jungen Familie, wenn Sie sie ein oder zwei Tage in einer sogenannten Stitzbucht oder Ablammbox halten. In dieser Box befindet sich nur die Mutter mit ihren Kindern. Sie kann sich von der Geburt erholen und ihrem wachsamen Auge auch mal eine Pause gönnen.

Diese Geiß betreut ein fröhliches Zwillingspaar.

Ziegen beobachten meist sehr genau, wer sich ihrem Nachwuchs nähert und wo dieser sich hinbewegt. Daher wird die Geiß dankbar für einige ruhigere Stunden sein, ohne Besuch von neugierigen Herdengenossinnen oder gar dem aufdringlichen Bock.

Einige Tage nach der Geburt kann es sein, das die Ziege aus der Scheide dunkelrotes, klebriges Blut verliert. Erschrecken Sie nicht, die Gebärmutter reinigt sich und letzte Rückstände werden abgestoßen. Das kann ziemlich hässlich aussehen, ist aber normal. Wenn Ihre Ziege normal frisst und einen munteren Eindruck macht, ist alles in Ordnung. In der Regel gibt es also keinen Grund zur Sorge.

Innerhalb der Herde finden sich schnell Gruppen von Lämmern zusammen und toben und springen über Stock und Stein. Immer wieder werden die Kinder von ihren wachsamen Müttern zum Trinken gerufen, und immer wieder beobachtet die Mutter sehr genau, wo sich ihre wilde Brut gerade aufhält. Für die Ziege beginnt eine anstrengende Zeit, die sie mit Hingabe meistern wird. Ziegen und ihre Kitze pflegen einen sehr engen Kontakt, der meist sehr, sehr lange anhält. Nicht selten halten sich die Kitze des Vorjahres noch nah bei der Mutter auf, während diese schon die jüngeren Geschwister betreut. Dies natürlich nur, sofern die Herdenstruktur und die Haltungsform das zulassen.

MUTTERLOSE AUFZUCHT

Es gibt genau drei Gründe für eine mutterlose Aufzucht der Lämmer. Der erste, wohl häufigste, ist gerade in der kommerziellen und wirtschaftlichen Ziegenhaltung darin zu finden, dass der Mensch die gute Ziegenmilch verkäsen will und deshalb die jungen Kitze schon früh von der Mutter getrennt und in Lämmergruppen am Tränke-Automat aufgezogen werden. In diesem Fall werden die Lämmer zunächst an Milchaustauscher gewöhnt und schließlich meist per Kalttränke mehrfach am Tage gefüttert. In der wirtschaftlichen Ziegenhaltung ist dieses Verfahren sicher angemessen, für die Hobbyhaltung wird es meist nicht angewandt. Will man nur für den Eigenbedarf Käse produzieren, so reicht es meist schon aus, wenn Sie sich mit den Lämmern ein wenig die Milch teilen oder die Lämmer vor dem Melken stundenweise von der Mutter trennen.

Die anderen Gründe für mutterlose Aufzucht sind meist tragischer: Entweder hat die Ziege die Geburt aus irgendeinem Grund nicht überlebt, oder sie kann oder will sich nicht um ihre Lämmer kümmern. Letzteres kommt, wie schon erwähnt, selten vor, gibt es aber eben doch.

Flaschenlämmer sollten in den ersten Tagen alle zwei Stunden etwa 100 ml handwarme Ersatzmilch oder noch besser frische Ziegenmilch aus einer geeigneten Flasche und vor allem mit einem geeigneten Sauger bekommen. Diese findet man im Fachhandel. Je älter die Lämmer werden, desto mehr versucht man die Trinkmenge zu erhöhen und die Zeit zwischen den Mahlzeiten zu verlängern, bis man nur noch dreimal am Tage die Lämmer tränken muss. Ganz wichtig: Achten Sie darauf, dass Sie nicht überfüttern und dass sich das Lamm beim Saugen auf keinen Fall verschluckt. Die häufigsten Unfälle passieren durch Verschlucken oder durch Aufgasen der Lämmer wegen Überfütterung.

Versuchen Sie immer, mindestens zwei Lämmer aufzuziehen. Eines allein wird komplett fehlgeprägt und wird sich als erwachsenes Tier kaum in eine Herde integrieren lassen. So niedlich es ist, das Flaschenlamm mit den eigenen Kindern spielen zu sehen, so tragisch ist dies doch für das Tier. Es wird niemals richtig Anschluss in der Herde finden und ein Leben lang ein Außenseiter sein.

Versuchen Sie auch, in dem niedlichen, hilflosen Lamm die spätere Ziege zu sehen, und versuchen Sie, es frühzeitig an seine Artgenossen zu gewöhnen. Das fällt wesentlich leichter, wenn es auch schon in der Aufzuchtphase einen Artgenossen hat. Größere Betriebe haben immer Flaschenlämmer und sind zumeist dankbar, wenn Sie sie von Hobbyhaltern aufziehen lassen können. So wächst Ihr Zögling nicht ohne Artgenossen auf und Sie haben es später leichter mit der Integration.

Wenn Sie viel Glück haben, finden Sie eine Amme in der Nähe, eine Ziege, die auch fremde Lämmer trinken lässt. Oder Sie haben eine Ziege, die so gut in Milch steht, dass noch ein weiteres Lamm mit gesäugt werden kann, wenn Sie die Geiß dazu ein wenig fixieren. Auch das wäre eine optimale Lösung. Allerdings kann ich mich an keine meiner Ziegen erinnern, die ein fremdes Lamm hätte trinken lassen. Wenn, dann wirklich nur unter Zwang. Niemals freiwillig. Aber vielleicht haben Sie mehr Glück als ich oder eine ungewöhnlich brave Ziege. Versuchen würde ich es!

DIE ENTWICKLUNG DER LÄMMER

Ziegenkitze wachsen schnell, sehr schnell. Das ist in erster Linie der gehaltvollen und extrem nahrhaften Ziegenmilch zu verdanken. Bereits ganz kurz nach der Geburt beginnen die Kitze zu springen und zu klettern. Ziegenlämmer sind weitaus vitaler als Schaflämmer und fast nichts ist vor ihnen sicher. Kaum dass sie sich auf den wackeligen Beinen halten können und der erste Hunger am Euter gestillt ist, schlagen die Kitze schon muntere Kapriolen. Bald erklimmen sie Mamas Rücken, wenn diese sich von der Geburt ausruht oder wiederkäut. Leider begeben sich die Lämmer jetzt schon in Gefahren, die sie nicht absehen können. Bei ihren Kletterversuchen machen sie vor keinerlei Einrichtung im Stall halt, weshalb die Raufen und vor allem die Tränkeeimer so angebracht und konzipiert

Ihre Mutter hat die Geburt nicht überlebt; die Schwestern werden mit der Flasche aufgezogen.

sein müssen, dass sich die Lämmer weder mit den Beinen verhaken, noch sich versehentlich im Wassereimer ertränken können. Seien Sie hier ruhig übervorsichtig, es ist mitunter nicht vorstellbar, auf welche Ideen junge Ziegenkitze kommen!

Bald schon knabbern die neugierigen Lämmer an Halmen, Gras und Ästen. Recht schnell finden sich mehrere Lämmer zusammen, um in einer Art Kindergarten miteinander zu spielen und zu toben. Dabei werden die Bocksprünge immer schneller und höher, und immer steiler nach oben führen auch die Klettertouren. Nichts ist sicher. Im Spiel wird gerauft und Kräfte gemessen. Die Kleinen proben jetzt schon für den Ernstfall und festigen ihre Fähigkeiten. Ziegenlämmer sind extrem lebhaft und ruhen sich weitaus weniger aus als die meisten Nachkommen anderer Nutztiere. Die aufmerksame Ziegenmutter beobachtet das Treiben ihrer Schützlinge sehr genau.

Wenige Stunden nach der Geburt geht das Kleine schon auf Entdeckungstour.

Selbst wenn es Ihnen so erscheint, als würde sie irgendwo grasen oder ruhen, so dürfen Sie sicher sein: Sie weiß genau, wo ihre Lämmer sind, und hat sie im Blick. Immer wieder ruft sie ihre Kinder und gewährt einen Schluck aus der Milchbar.

Spätestens mit drei Wochen wird ernsthaft feste Nahrung mit aufgenommen, neben Gras und Blättern auch Kraftfutter. Um rasche Gewichtszunahmen zu erzielen, können Sie auf der Weide oder im Stall einen sogenannten Lämmerschlupf anbringen, der nur den Lämmern den Zugang zu einer Ecke mit Kraftfutter ermöglicht, sodass diese sich frei bedienen können. Meist reicht aber die Milch und gutes Gras aus, um den Eiweißbedarf der Lämmer zu decken.

Schon im Alter von drei Monaten sind die Lämmer so weit gediehen und hat sich ihr Pansen so weit auf feste Nahrung eingestellt, dass sie von der Mutter getrennt werden können und alleine klarkommen. Sehr fitte junge Böckchen sind in diesem Alter unter Umständen auch schon geschlechtsreif und sehr an der Damenwelt interessiert. Natürlich wäre es nun möglich, die Lämmer abzusetzen und zu verkaufen oder separat

Klettern liegt den Kitzen im Blut, ihre Mutter beobachtet das Treiben aufmerksam.

aufzuziehen. Allerdings denke ich, dass zumindest die weiblichen Nachkommen durchaus noch länger bei ihren Müttern bleiben können und dies ihrer Entwicklung sicher zuträglich ist.
Es gilt hier natürlich nun auch wieder an die Wirtschaftlichkeit zu denken: Wenn Sie melken und käsen möchten, sind Sie sicher dankbar, mehr Milch zu haben und nicht mehr mit den Lämmern teilen zu müssen. Es ist also eine Ermessenssache. Bocklämmer sollten beizeiten aus der Herde genommen werden, da die jungen Kerle ab dem dritten Monat doch sehr für Unruhe sorgen können, wenn sie von ihren Hormonen getrieben werden.
Für die weibliche Nachzucht finden sich sicher schnell neue Besitzer, die ebenfalls

Freude an den Ziegen haben und mit gleicher Begeisterung dem Hobby Ziegenhaltung nachgehen. Für die meisten aller Bocklämmer endet das Jahr in der Regel nicht am 31. Dezember, sondern weitaus früher. Ziegenfleisch ist sehr nahrhaft und ausgesprochen zart und wohlschmeckend. Darauf möchte ich auf Seite 117 noch näher eingehen.

„Was frisst die Mama denn da?"

So schwer es Ihnen auch fallen mag, aber Zucht bedeutet immer auch eine Form der Selektion. Und es lassen sich nicht alle männlichen Nachkommen an Liebhaber abgeben. Mit dieser Thematik müssen Sie sich als Nutztierhalter auseinandersetzen. Nur die allerschönsten und fehlerfreien Jungböcke werden die Chance erhalten, ihre Gene an die folgenden Generationen weiterzugeben. Wie auf Seite 91 erwähnt, gilt es den potenziellen Vererber kritisch und sorgsam auszuwählen.

Spätestens mit fünf Monaten haben die Lämmer etwa drei Viertel ihres Endgewichtes erreicht und die Wege von Mutter und Kind trennen sich. Die Mutter lässt sie nun nicht mehr so oft säugen und auch die Milch wird weniger. Weibliche Lämmer sollten vom Vater ferngehalten werden, ansonsten könnten sie gedeckt werden und eine Inzestträchtigkeit wäre die Folge. Ohnehin empfehle ich, die weiblichen Tiere erst im zweiten Jahr erstmals decken zu lassen (siehe Seite 93). Die Tiere haben dadurch mehr Zeit, sich besser zu entwickeln und ein deutlich besseres Fundament aufzubauen.

Der Kontrollwahn und die Sorgsamkeit der Mutterziege lassen nun auch deutlich nach. Sie wendet sich vielleicht schon bald wieder dem Bock zu und steuert auf ihren nächsten Nachwuchs zu, der Kreislauf beginnt von vorn. Es ist der Zeitpunkt gekommen, die Mütter von den Kitzen zu trennen. Zum einen hat das Euter der Ziegen eine Erholungspause verdient, zum anderen ist es eben für die Kitze an der Zeit, eigene Wege zu gehen. Diese führen leider die meisten Bocklämmer zum Schlachter, wohingegen die Mutterlämmer in aller Regel einer Karriere als Mutterziegen entgegensehen.

Schon früh knabbern die Kitze an Heu – mehr aus Neugier denn aus Hunger.

PRODUKTE

— *Nützliches von der Ziege*

MILCH UND KÄSE

Der Hauptgrund für die Domestikation und überhaupt die Haltung von Ziegen war die Gewinnung und Verkäsung der Ziegenmilch.

ZIEGENMILCH

Dank selektiver Zucht ist es gelungen, Milchziegen mit hervorragenden Leistungen zu züchten. 4–5 Liter Milch pro Tag pro Tier sind keine Seltenheit mehr. Im Verhältnis zur Körpergröße und vor allem zur Nahrungsaufnahme ist die Ziege im Vergleich zur Kuh das deutlich wirtschaftlichere Milchtier. Die „Kuh des kleinen Mannes" ist mit dieser Leistung führend unter den Nutztieren.

Ziegenmilch ist weitaus wohlschmeckender als der Ruf, der ihr oft vorauseilt. Wer Ziegenmilch trinkt, wird einen leicht süßlichen, strengen Geschmack feststellen, der sich unter anderem darauf zurückführen lässt, dass sie schnell Fremdgerüche annimmt. Und das ist ihr Problem. Im Stall und auf der Weide muss hygienisch und fern jeder Form von „Bock" gemolken werden. Ansonsten kann die Milch tatsächlich schnell „bockig" riechen.

ZIEGENKÄSE

Die Ziegenmilch wird meist zu köstlichem Ziegenkäse verarbeitet. Die Herstellung von Ziegenkäse folgt den gleichen Prinzipien wie die Herstellung von jedem anderen Käse. Es gibt eine Vielzahl unterschiedlichster Käsesorten, aber der Anfang ist bei allen gleich: Der frischen Milch werden wahlweise Säure oder meistens Lab beigemischt und Kulturen zugesetzt. Diese Kulturen weisen den Weg in Richtung Camembert, Frischkäse oder einer anderen Sorte. Schon nach einigen Stunden wird die Milch „dick", es

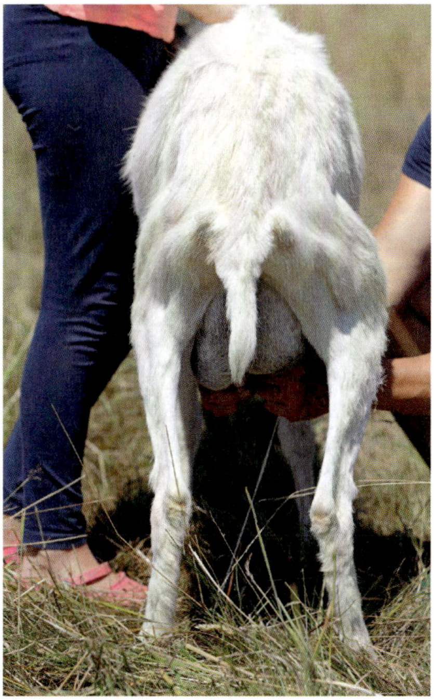

Auf der Weide wird meist von Hand gemolken.

Aus der dickgelegten Ziegenmilch entsteht in kurzer Zeit köstlicher Frischkäse.

Hartkäse aus Ziegenmilch ist ebenso schmackhaft und begehrt.

trennt sich die Molke von den fetthaltigen Milchbestandteilen. Die wässrige Molke wird abgelassen und der „Käseklumpen" durchgeschnitten. Den „Bruch" lässt man nun über einige Stunden abtropfen. Es obliegt nun jedem selbst, mit welchen Kräutern der Käsebruch versetzt wird, denn die Geschmäcker sind ja durchaus verschieden. Auch bleibt es Ihnen überlassen, wie Sie weiter mit dem Frischkäse verfahren möchten.

Hier die Herstellung aller Käsesorten im Detail zu beschreiben, würde den Rahmen sprengen. Aber Käsen im kleinen Rahmen macht wirklich Freude und Käseherstellung im großen Stil ist durchaus eine gewinnbringende Form der Landwirtschaft. Es gibt unzählige Bücher zur Käseherstellung, und ich darf sagen, es ist kein Hexenwerk. Versuchen Sie es, es lohnt sich!

Der Geschmack von Ziegenkäse ist ausgesprochen individuell ausgeprägt. Er hängt beispielsweise zusammen mit der Rasse der Tiere, dem Futter, der Art und Weise der Aufzucht, dem Eiweiß- und Fettgehalt der Milch, der Form des Ziegenkäses und der Dicklegungs- und Abscheidemethode. Ziegenfrischkäse und Ziegenkäse sind purer Käsegenuss, egal ob zum Brot oder als Veredelung von Gerichten. Die feine Würze von Ziegenkäse kommt auch in der warmen Küche, etwa in Soßen oder als Käse-

INHALTSSTOFFE DER ZIEGENMILCH

100 Milliliter Ziegenmilch enthalten circa 69 kcal/290 kJ. Sie hat 4 % Fett, ihr Eiweißgehalt beträgt circa 3 % und der Gehalt an Kohlenhydraten liegt bei 4 %.

Besonders wertvoll ist die Ziegenmilch wegen ihres hohen Gehaltes an Vitaminen, Mineralstoffen und Spurenelementen. Die gesunde Flüssigkeit beinhaltet Kupfer, Zink, Phosphor, Kalzium, Kalium, Natrium und Magnesium. Außerdem wartet sie mit den Vitaminen A, B1, B2, C, D und E auf.

kruste, bestens zur Geltung. Die Inhaltsstoffe des Käses sind weitestgehend identisch mit denen des Käses aus Kuhmilch. Der Anteil an Fett und Casein ist jedoch etwas geringer. Manche Menschen mit Milcheiweiß-Unverträglichkeit vertragen diese Käse besser. Wer tiefer in die Kunst der Käserei einsteigen möchte, dem sei an dieser Stelle weiterführende Literatur ans Herz gelegt. Das Thema Käserei ist so umfangreich und zugleich höchst interessant. Zumal der selbst hergestellte Käse aus der Milch der eigenen Tiere ohnehin der allerbeste ist.

MELKEN

Vor das Käsen und vor den Genuss der Milch hat die Natur das Melken gestellt. Es gibt diverse Methoden, die sich zunächst in manuell oder maschinell unterteilen lassen. Größere Betriebe melken ganz sicher maschinell. Hierzu werden die Ziegen zweimal täglich, in der Regel morgens und abends, auf einen Reihenmelkstand gelockt und meist mittels Fressgitter fixiert, bekommen dort ihr Kraftfutter und werden mittels einer Melkmaschine gemolken. Das alles natürlich unter höchst hygienischen Bedingungen. Die Maschine muss nach dem Melken gereinigt und desinfiziert werden, eine gute Hygiene ist das A und O beim Melken. Nach dem Melken verlassen die Ziegen den Stand und machen Platz für die nächsten. Ein gut geplanter Melkstand mit logistisch durchdachter Lage und leichter Bedienung ist in größeren Betrieben die Grundvoraussetzung für einen reibungslosen Ablauf beim Melken. Die Ziegen kennen meist schon nach kürzester Zeit den Ablauf und werden sich zur passenden Uhrzeit schon vor dem Melkstand einfinden.
Auch in kleineren Betrieben lässt sich eine Melkmaschine einsetzen; es gibt Varianten für die Weidehaltung, die mit Generatoren betrieben werden. In der Regel hat sich für die kleineren Betriebe aber das Melken mit der Hand durchgesetzt. Klug, wer auch hier mit Melkstand arbeitet und Tier für Tier auf denselben lockt und fixiert. Einige streichen an den Zitzen die Milch aus, weitaus tierfreundlicher aber ist das sogenannte „Fäusteln“. In jede Hand nehmen Sie nun eine Zitze, Daumen und Zeigefinger befinden sich am oberen Teil der Zitze.

So kann ein selbst gebauter Melkstand zum Einsatz auf der Weide aussehen.

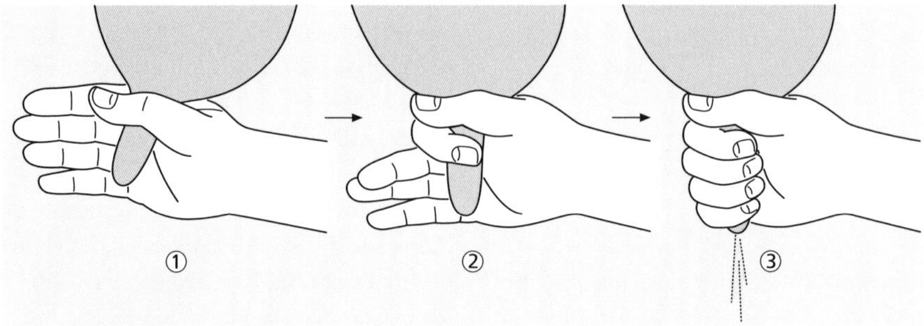

Hier ist die beschriebene Melktechnik, das „Fäusteln", schematisch dargestellt.

Beim Fäusteln drücken Sie nun langsam Finger für Finger zur Faust, beginnend mit Daumen und Zeigefinger, dann Mittelfinger, Ringfinger und kleiner Finger. So pressen Sie die Milch aus der Zitze. Öffnen Sie die Faust wieder, und sofort strömt weitere Milch vom Euter in die Zitze und Sie können wieder die Faust, Finger für Finger, schließen. Um das Ganze zu perfektionieren, müssen Sie üben. Am Anfang wird der Erfolg bescheiden sein, aber nach und nach werden Sie Ihre Fingerfertigkeit ausbauen und so immer schneller und sicherer melken können.

Vor und nach dem Melken ist es ratsam, das Euter ein wenig zu säubern. Alle Behältnisse, die Sie beim Melken verwenden, müssen natürlich gereinigt und desinfiziert werden. Ihre Hände sollten Sie unbedingt vorm Melken waschen.

Melken Sie immer das komplette Euter leer. Die ersten paar Milchstrahlen sollten Sie verwerfen, dann aber die Milch in einem sauberen Gefäß auffangen. Irgendwann werden Sie merken, dass keine Milch mehr in die Zitze läuft, dann ist Ihre Ziege leer gemolken und Sie können sich der nächsten zuwenden.

Sie können Ihre Ziegen so lange melken, bis sie acht Wochen vor der nächsten Geburt steht. Spätestens dann sollten Sie Ihr Tier „trocken stellen", um dem Euter eine Erholung zu ermöglichen, und letztlich der Ziege auch. Zum Trockenstellen melken Sie entweder allabendlich nicht mehr ganz leer und schließlich immer weniger, bis die Milch versiegt, oder Sie verwenden „Trockensteller", die Sie bei Ihrem Tierarzt erhalten. Jene Mittel werden meist direkt in die Zitze appliziert und sorgen dafür, dass die Ziege möglichst schnell trocken wird. Grundsätzlich ist es auch sehr stark abhängig von der Rasse: Alle Zweinutzungsrassen werden die Milchproduktion ohnehin von alleine deutlich reduzieren, reine Milchziegenrassen geben so viel Milch, dass ein Rückgang kaum spürbar ist. Diese Hochleistungstiere müssen gewiss deutlich kontrollierter trocken gestellt werden als die robusteren Rassen.

Haben Sie immer ein wachsames Auge auf das Euter Ihrer Ziege. Es ist ein überaus wichtiges und gleichzeitig sehr empfindliches Organ. Sowohl beim Melken als auch vor allem beim Trockenstellen sollten Sie das Euter immer sehr genau kontrollieren. Sowohl zur Aufzucht der Kitze als auch zur Milchproduktion für die Käserei ist das Euter unverzichtbar. Eine Euterentzündung etwa kann das Ende der Ziege bedeuten.

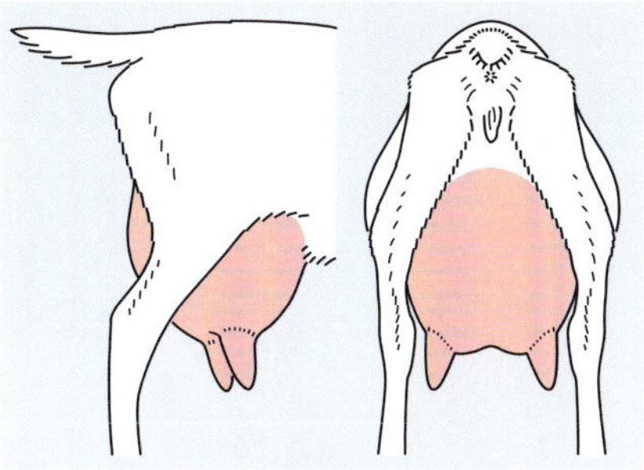

Ein gut platziertes, perfektes Euter

DAS PERFEKTE EUTER ...

... gibt es fast nicht. Aber man sollte züchterisch vor allem bei Milchziegen großen Wert auf seine Beschaffenheit legen. Idealerweise ist das Euter hoch aufgehängt zwischen den Hinterbeinen der Ziege. Es reicht weit nach vorne zum Bauch und deutlich nach hinten zwischen den Schenkeln raus. Die Zitzen sind gut abgegrenzt und etwa handgroß. Nicht beulig, nicht zu hart, und ganz sicher finden sich im Euter keine Knoten. Im Laufe der Jahre wird das Euter unweigerlich an Form einbüßen, daher sollten gerade bei Jungziegen diese Kriterien unbedingt besonders gut erfüllt sein.

ZIEGENFLEISCH UND ZIEGENWURST

Bei aller Liebe zum Tier und allem Respekt vor dem Leben werden Sie, sofern Sie Ihre Ziegen denn in irgendeiner Form vermehren wollen, ganz sicher vor dem Thema der Schlachtung stehen.
Wenn Sie Käse herstellen wollen, muss die Ziege Lämmer gehabt haben. Diese Lämmer brauchen ab einem gewissen Alter ein neues Zuhause, sofern Sie sie nicht selber behalten wollen oder können. Dieses Zuhause kann vielleicht bei einem anderen Ziegenhalter oder -züchter sein, es kann aber auch durchaus sein, dass sich kein anderes „Zuhause" als Ihre Tiefkühltruhe findet.
Es ist komplett illusorisch, davon auszugehen, dass sich vor allem für die männlichen Lämmer genügend fürsorgliche neue Plätze finden lassen. Das mag Ihnen ein- oder zweimal gelingen und es kommt sicher auch darauf an, wie viele Lämmer zur Vermittlung anstehen, aber es ist eben sehr unwahrscheinlich, dass Ihnen das öfter gelingt.
Vielleicht sind Sie auch Halter von Fleischziegen und im Besonderen auf das Fleisch Ihrer Lämmer aus. So oder so, mit dem Thema Schlachtung sollten Sie sich befassen. Idealerweise erkundigen Sie sich beizeiten nach einem Metzger in Ihrer näheren Umgebung. Für den letzten Gang wollen Sie Ihre Tiere sicher nicht unnötigem Stress aussetzen. Eine lange Anfahrt zum Metzger ist bestimmt vermeidbar. Bestenfalls kommen Ihre Tiere relativ ruhig beim ausgewählten Metzger an und werden, wie es sich gehört und dem Tierschutzgesetz entspricht, zuerst fachmännisch betäubt und dann ausgeblutet. Der Schlachtkörper sollte dann idealerweise über Nacht im Kühlhaus auskühlen und erst am nächsten Tag weiterverarbeitet werden.
Nun mag dieses Thema nicht jedem gefallen, aber ich gebe zu bedenken: Ihr eigenes Tier, liebevoll aufgezogen, umsorgt und glücklich auf der Weide gediehen; auf kurzen Wegen stressarm zur Schlachtung gebracht, ordentlich geschlachtet – welches Fleisch könnten Sie mit ruhigerem Gewissen achten und genießen?

Zwei Wochen altes Pfauenziegenlamm

Eine zufriedene Pfauenziegen-Familie

Ziegenfleisch ist eine Delikatesse. Junge Böcke sollten vor der Geschlechtsreife geschlachtet werden oder kastriert gewesen sein. Ziegenfleisch ist gesund: Es enthält wenig Fett und Cholesterin. Reichlich vorhanden sind hingegen Eiweiß, Mineralstoffe und Vitamine. Zum guten Ruf des Ziegenfleischs trägt auch die reichlich vorhandene Linolsäure bei. Diese gilt nicht nur als krebsvorbeugend. Linolsäure hilft auch beim Abnehmen und beim Aufbau von Muskelmasse. Auf den Durchbruch in der Gourmetküche wartet das Ziegenfleisch trotz aller Vorzüge aber noch vergebens, hier dominiert das Fleisch der Schaflämmer.

Ihr Metzger wird ihnen Ihr Tier in aller Regel auch fachmännisch zerlegen. Die edelsten Teile sind hier, genau wie beim Schaflamm, Keule, Rücken oder Kotelett und die Schulter. All diese Teile lassen sich zu köstlichen Gerichten verarbeiten.

Das Fleisch älterer Tiere hingegen ist leider allzu oft zäh und kaum durch Kochen oder Braten genussvoll zu verarbeiten. Ältere Tiere kommen daher in die Wurst. Diese wiederum lässt sich in vielen Varianten herstellen, mal mit mehr, mal mit weniger Anteil vom Schwein, mal gröber, mal feiner, unterschiedlich gewürzt, ganz wie gewünscht. Ein guter Metzger kann Sie da ganz sicher fachmännisch beraten. Wurst von der Ziege ist ein Genuss und wirklich jedem zu empfehlen. Bevor Sie vorschnell urteilen, kosten Sie zunächst das Fleisch und die Wurst der Ziege.

Die Neugier steht ihm ins Gesicht geschrieben.

FELLE UND LEDER

Ein weiteres Produkt der Ziege ist das Ziegenleder. Besonders weich und geschmeidig, war die haarlose Haut der Tiere früher von größter Bedeutung und ein Grund zur Domestikation der Ziege. Im Gegensatz zu Schafsleder hat das Leder, welches von der Ziege gewonnen wird, keine Fetteinlagerungen. Dadurch sind Ziegenleder widerstandsfähiger und doch geschmeidig und fein. Ziegenleder ist aus diesem Grund auch wertvoller. Ziegenleder werden bei der Herstellung von Kleidung, insbesondere bei Handschuhen, sowie bei Bucheinbänden, Schuhen und Taschen verwendet. Für die Haltung kleinerer Tierbestände dürfte das Thema der eigenen Lederherstellung aber uninteressant sein. Meist ist es der Gerber selbst, der den richtigen Kundenstamm für „sein" Leder hat, und somit bleibt der Halter beim Geschäft meist eher in zweiter Reihe.

Beim gegerbten Ziegenfell handelt es sich quasi um die Haut mit Haaren. Ziegenfelle finden hauptsächlich als Dekoration Verwendung. Zum Wärmen sind sie, anders als Schaffelle, nicht geeignet. Mitunter werden auch Taschen daraus hergestellt oder man findet Ziegenfell auf Möbelstücken als Sitzbezug.

Eine kommerzielle Bedeutung kann man heute in der Ziegenhobbyhaltung weder dem Fell noch dem Leder beimessen, obwohl beides ausgesprochen schöne und hochwertige Produkte sind.

SERVICE
— *Informationen für Ziegenhalter*

ZUM ABSCHLUSS

Sie haben dieses Buch nun aufmerksam bis zum Ende durchgelesen und Ihnen ist vermutlich mehr als einmal aufgefallen, dass ich die Ziege nicht immer im besten Licht dargestellt habe. Es war mir durchaus ein Anliegen, auch die Schattenseiten der Ziegenhaltung deutlich hervorzuheben. Ich persönlich bin ein großer Ziegenfan und bin vollends begeistert und fasziniert von diesen Tieren. Allerdings habe ich allzu oft miterlebt, wie blauäugig und naiv mancher in die Ziegenhaltung eingestiegen ist und schlussendlich waren es nachher die „bösen, blöden Mistviecher“, die das Leben zur Hölle machten und alsbald wieder abgeschafft wurden. Das muss nicht sein, weder für Mensch noch Tier. Ziegen sind eigenwillig, charakterstark und sicher nicht so einfach zu halten wie Schafe, aber richtig angefangen, kann die Ziegenhaltung so unglaublich viel Freude machen. Das wünsche ich jedem Leser dieses Buches und hoffe mit diesem ein klein wenig zur entspannten und schönen Ziegenhaltung beitragen zu können.

DANK

Ich danke meiner Familie, vor allem meiner Frau Ilka, für die Unterstützung beim Schreiben dieses Buches und für all die Hilfe bei der Versorgung unserer Tiere. Danke auch an meine Kinder für all die unzähligen Einsätze an den Herden. Nicht zuletzt möchte ich meinen treuen Hunden meinen Dank aussprechen, ohne sie wäre eine extensive Viehhaltung in der Form, wie wir sie betreiben, undenkbar.

Ich widme dieses Buch meinen Eltern, Maritta und Dieter Haus, die mich seit dem ersten Moment meiner Ziegenzucht immer unterstützt haben, mich mit meinen Tieren auf etliche Ausstellungen begleitet haben und sich dafür immer die Zeit genommen haben. Danke!

ZUM AUTOR

Kai Haus lebt mit seiner Familie auf einem Hof im Lahn-Dill-Bergland in Mittelhessen. Seit seiner Kindheit gab es dort auch immer Ziegen, lange Zeit nur den alten Zwergziegenbock „Muckel“, der den Pferden Gesellschaft leistete, und bald schon die ersten Ziegen des Autors. Lange Zeit züch-

tete Kai Haus Walliser Schwarzhalsziegen im Herdbuch und konnte auf etlichen Schauen mit seinen prämierten Tieren viele Preise erringen. Heute hat sich die Zucht in Richtung Pfauenziegen verlagert, die neben den eigenen Schafen gehalten werden. Vierbeinige Unterstützung erhält der Autor von seinen Border Collies, die er unter dem Zwingernamen „Greifental" seit 1993 auf Leistung züchtet. Mit ihnen nimmt er regelmäßig an Hütewettbewerben teil und gibt Seminare zur Ausbildung von Hütehunden. (www.bordercollie-haus.de)

QUELLEN UND ZUM WEITERLESEN

Bohne, Burkard und Peter Dietze: Die 120 wichtigsten Giftpflanzen. Ulmer 2008.

Brörkens, Nina: Ziegen artgerecht und natürlich halten. Kosmos 2010.

Haus, Kai: Schafe halten – artgerecht und natürlich. Kosmos 2016.

Jaudas, Ulrich: Ziegen. Gräfe und Unzer 1992.

Sambraus, Hans Hinrich: Farbatlas Nutztierrassen. Ulmer 2000.

Späth, Hans und Otto Thume: Ziegen halten. Ulmer 2012.

Stumpf, Ursula: Heilpflanzen und ihre giftigen Doppelgänger. Kosmos 2014.

NÜTZLICHE ADRESSEN

Hessischer Ziegenzuchtverband
(HZZV) e. V.
Geschäftsstelle: Sandra Retzel
Leuseler Weg 7
36304 Alsfeld
Tel.: 0 66 31 – 7 30 88 28
www.ziegenzucht.de

Bundesverband Deutscher Ziegenzüchter e. V. (BDZ)
Claire-Waldoff-Straße 7
10117 Berlin
Telefon: 0 30 – 3 19 04 – 5 42
www.ziegen-sind-toll.com

Schweizerischer Ziegenzuchtverband (SZZV)
Schützenstrasse 10
CH – 3052 Zollikofen BE
Tel.: 00 41 – 31 – 3 88 61 11
www.szzv.ch

Österreichischer Bundesverband für Schafe und Ziegen, ÖBSZ
Dresdner Straße 89/19
A – 1200 Wien
Tel: 00 43 – 1 – 3 34 17 21 40
www.oebsz.at

Gesellschaft zur Erhaltung alter und gefährdeter Haustierrassen (GEH e. V.)
Walburger Strasse 2
37213 Witzenhausen
Tel.: 0 55 42 – 18 64
www.g-e-h.de

ProSpecieRara Deutschland gemeinnützige GmbH
Kartäuserstr. 49
79102 Freiburg
Tel. 07 61 – 59 39 00 07
www.prospecierara.de

Arbeitsgemeinschaft Border Collie Deutschland e. V.
An der Autobahn 1
56766 Ulmen
Vorsitzende: Frauke Spengler
Tel.: 0 26 76 – 9 52 67 81
www.abcdev.de

Kai Haus
Bermollerstraße 2
35644 Hohenahr-Großaltenstädten
Tel: 01 72 – 6 93 38 66
www.bordercollie-haus.de

REGISTER

BILDNACHWEIS

90 Farbfotos wurden von Heike Schmidt-Röger/Kosmos extra für das Buch aufgenommen. Weitere Farbfotos von Arco Images (Seite 10 Angelo Gandolfi, 24 oben Lynn M. Stone, 25 oben links A. Schmelzer), Kai Haus (Seite 9, 23 unten, 41, 98 beide), Dominik Liebert, https://bioliebert.de (Seite 23 oben links), Reinhard Tierfoto (Seite 23 oben rechts), Julia Schurz (Seite 26 oben, 94), Horst Streitferdt/Kosmos (Seite 45, 55), Vivien Venzke/Kosmos (Seite 53, 57, 58) sowie Karin von Amelunxen, www.anglo-nubier-sonnenhof-capricornus.de (Seite 27).
9 teils mehrteilige Illustrationen von Wolfgang Lang.

IMPRESSUM

Umschlaggestaltung von Gramisci Editorialdesign unter Verwendung von Farbfotos von Heike Schmidt-Röger/Kosmos.

Mit 108 Farbfotos und 9 Illustrationen.

Alle Angaben in diesem Buch erfolgen nach bestem Wissen und Gewissen. Sorgfalt bei der Umsetzung ist indes dennoch geboten. Der Verlag und der Autor übernehmen keinerlei Haftung für Personen-, Sach- oder Vermögensschäden, die aus der Anwendung der vorgestellten Materialien und Methoden entstehen könnten.

Unser gesamtes Programm finden Sie unter **kosmos.de**
Über Neuigkeiten informieren Sie regelmäßig unsere Newsletter, einfach anmelden unter **kosmos.de/newsletter**

Gedruckt auf chlorfrei gebleichtem Papier

Aktualisierte Ausgabe

ISBN 978-3-440-18087-7
Redaktion: Angela Beck
Gestaltungskonzept: Peter Schmidt Group GmbH, Hamburg
Gestaltung und Satz: Doppelpunkt, Stuttgart
Produktion: Nina Renz
Druck und Binden: Westermann Druck Zwickau GmbH, Zwickau
Printed in Germany / Imprimé en Allemagne

FSC
www.fsc.org
MIX
Papier | Fördert gute Waldnutzung
FSC® C110508